U0395246

养鹅
致富大讲堂

陈维虎 ◎ 主编

YANG'E
ZHIFU DAJIANGTANG

中国农业出版社
北 京

　　陈维虎，浙江省象山县人，二级研究员，在基层从事畜牧兽医技术研究与推广40年，受聘"十二五""十三五"国家水禽产业技术体系宁波综合试验站站长。在养鹅生产技术方面具有丰富的经验，主持或参与完成的科技项目40多个，其中省部级15个、市级11个，获奖20多项，其中省级科技进步奖二、三等奖7项、全国农牧渔业丰收奖二、三等奖3项。撰写并发表论文70余篇，起草国家标准、行业标准及各级地方技术标准20余项，主编或参编专著7部。享受国务院政府特殊津贴，获得"全国优秀科技工作者"等荣誉称号。

本书有关用药的声明 YANG'E ZHIFU DAJIANGTANG

　　兽医科学是一门不断发展的学问。用药安全注意事项必须遵守，但随着最新研究及临床经验的发展，知识也不断更新，治疗方法及用药也必须或有必要做相应的调整。建议读者在使用每一种药物之前，参阅厂家提供的产品说明以确认推荐的药物用量、用药方法、用药的时间及禁忌等。医生有责任根据经验和对患病动物的了解决定用药量及选择最佳治疗方案。出版社和作者对任何在治疗中所发生的，对患病动物和/或财产所造成的损害不承担任何责任。

中国农业出版社有限公司

主　编	陈维虎
副主编	杨政凯　沙玉圣　卢立志　陈景葳
	刘　毅
编　者	陈维虎　杨政凯　沙玉圣　卢立志
	陈景葳　沈军达　王冬雷　孙红霞
	李曙光　盛安常　沈建良

我国的养鹅历史悠久。据考证，早在距今约 6000 年前的新石器时代，就已开始驯养鹅。大量古书籍中都有关于鹅的驯化、饲养、选种、繁殖、管理、加工、食用、流通及与鹅相关的人文记载。我国人民对养鹅也积累了十分丰富的技术和生产经验。现代养鹅业已具有产品用途广、耗粮少、生产周转快、投入低、产出高等特点。随着我国经济的发展及人民生活水平的不断提高，动物性食物消费比例有所增加，消费习惯也发生了改变。这些变化促进了农业产业结构的调整，也提高了畜牧业的生产地位；养鹅的社会、经济效益和鹅产品的独特品质进一步得到社会的认可，养鹅生产迅速发展。据统计，1949 年前我国鹅产量仅 1 700 万只，20 世纪 50 年代增加到 6 000 万只，80 年代初为 1.2 亿只，80 年代末发展到 3 亿只；2001 年达 6.7 亿只。2018 年饲养量达到 7.54 亿只，我国肉鹅出栏量占全球肉鹅出栏量的 94.4%；年产鹅肉 241.8 万吨，其中鹅肉及相关产品出口总量为 6.7 万吨，是名副其实的世界养鹅大国。

我国既是世界养鹅大国，又是鹅产品消费大国。鹅肉不但味道鲜美、风味独特、营养价值高，而且鹅的抵抗力强、饲养期短，肉中的有毒有害物质残留量少，是一种不可多得的营养食品。2012 年，世界卫生组织发布"健康食品排行榜"，鹅肉位列第一，相对猪肉、鸡肉来说，具有很大的消费优势。鹅肉消费量逐年增加，据报道，南京、扬州等城市的鹅人均年消费量达6只以上，上海年消费2 000万只，广东超过3 000万只，中国香港日消费量达2万只。除鹅肉产品外，鹅肥肝、羽绒等副产品的消费市场也很大。

随着养鹅业生产效益的提高，鹅产地政府把养鹅业作为实施乡村振兴战略和脱贫致富的抓手，出台扶持政策，进一步促进了养鹅生产的发展。江苏、安徽、浙江、江西、河南、湖北、广东、山东、辽宁、吉林、黑龙江、海南、广西等省、自治区已成为我国的养鹅主产区，在当地农村的农业增收、农民增效中发挥了重要的作用。而沿海地区及大城市则是鹅产品的主消费区，"南鹅北养""内地养殖，沿海消费"等形式，将是推进我国鹅业繁荣的动力。

本书共分七讲，分别介绍了鹅的品种与繁育、饲料与营养、饲养管理、疾病防治，鹅场的规划与建设，鹅产品加工和鹅场经营策略等养鹅生产经营内容。书中内容尽量做到通俗易懂，贴近养鹅工作实际，可作为广大农户发展养鹅生产的参考书。由于我国鹅的资源和养殖传统经验丰富，地理差别大，生产和消费习惯迥异，且养鹅生产与经营技术发展日新月异，本书难以概全，如存在片面或不妥之处，敬请广大读者批评指正。

编　者

2020 年 11 月

CONTENTS 目 录

前言

第一讲　鹅的品种与繁育

第二讲　鹅的饲料与营养

第五讲　鹅的疾病防治

第六讲　鹅产品的加工

第七讲 鹅场经营策略

CHAPTER 1

第一讲
鹅的品种与繁育

🎵 本讲目标 >>>

通过不同品种鹅的外貌特征、生产性能的了解和比较，能根据实际生产中的自然地理环境、生产条件、市场需求和生产目的，因地制宜地选择饲养品种，以达到提高养鹅生产力，增加经济效益的目的。掌握鹅的繁殖技术，并在提高鹅繁殖力、降低雏鹅生产成本中开展实际应用。

🎵 知识要点 >>>

鹅的品种是养鹅生产的基础，直接影响到鹅生产性能的发挥和经济效益的好坏。本讲介绍了国内外主要鹅品种的外貌特征、生产性能，鹅的人工授精、人工孵化和反季节繁殖技术等繁殖方法。

专题一　小型鹅品种

按体型大小分类是目前最常用的分类方法，它根据鹅的体重大小分大型、中型、小型三类，小型品种鹅的公鹅体重为 3.7～5.0 千克，母鹅 3.1～4.0 千克，如我国的太湖鹅、乌鬃鹅、豁眼鹅等。中型品种鹅的公鹅体重为 5.1～7.5 千克，母鹅 4.1～5.5 千克，如我国的浙东白鹅、皖西白鹅、四川白鹅及德国的莱茵鹅等。大型品种鹅的公鹅体重为 7 千克以上，母鹅 6 千克以上，如我国的狮头鹅，法国的朗德鹅等。

一、太湖鹅

（一）产地与分布

原产于江苏、浙江两省沿太湖的县、市，江苏、浙江、上海以及东北、河北、湖南、湖北、江西、安徽、广东、广西等地均有饲养。

（二）外貌特征

体型较小，全身羽毛洁白，体质细致紧凑。体态高昂，肉瘤姜黄色，发达、圆而光滑，颈长、呈弓形，无肉垂，眼睑淡黄色，虹彩灰蓝色，喙、跖、蹼呈橘红色，爪白色。母鹅喙较短，约 6.5 厘米，性情温驯，叫声低，肉瘤小。

（三）生产性能

1. 产蛋性能　一个产蛋期（当年 9 月至次年 6 月）每只母鹅平均产蛋 60 个，高产鹅群达 80～90 个，高产个体达 123 个。平均蛋重 135 克，蛋壳色泽较一致，几乎全为白色，蛋形指数为 1∶1.44。

2. 生长速度与产肉、产绒性能　成年公鹅体重 4.3 千克，母鹅 3.2 千克，体斜长分别为 30.4 厘米和 27.4 厘米，龙骨长分别为 16.6 厘米和 14.0 厘米。太湖鹅雏鹅初生重为 91.2 克，70 日龄上市体重为 2.3 千克，舍养则可达 3.1 千克。成年公鹅的半净膛率和全净膛率分别为 84.9% 和 75.6%，母鹅分别为 79.2% 和 68.8%。太湖鹅经填饲，平均肝重为 251～313 克，最大达 638 克。此外，太湖鹅羽绒洁白如雪，经济价值高，每只鹅可产羽绒 200～250 克。

3. **繁殖性能** 性成熟较早，母鹅160日龄即可开产。公母鹅配种比例1：（6～7）。种蛋受精率可达90%以上，受精蛋孵化率可达85%以上，就巢性弱，鹅群中约有10%的个体有就巢性，但就巢时间短。70日龄肉用仔鹅平均成活率92%以上。

4. **利用特色** 可作鹅蛋生产，也适宜加工盐水鹅、板鹅。

二、豁眼鹅

（一）产地与分布

又称豁鹅，因其上眼睑边缘后上方豁口而得名。原产于山东莱阳地区，因集中产区地处五龙河流域，故又名五龙鹅。该品种在黑龙江、吉林、辽宁、新疆、广西、内蒙古、福建、安徽、湖北等地均有分布，在东北分布的也称籽鹅。

（二）外貌特征

体型轻小紧凑，全身羽毛洁白。喙、跖、蹼均为橘黄色，成年鹅有橘黄色肉瘤。眼三角形，眼睑淡黄色，两眼上眼睑处均有明显的豁口，此为该品种独有的特征。虹彩蓝灰色。头较小，颈细稍长。公鹅体形较短，呈椭圆形，有雄相。母鹅体形稍长，呈长方形。山东的豁眼鹅有咽袋，少数有腹褶，有者也较小，东北三省的豁眼鹅多有咽袋和较深的腹褶。雏鹅绒毛黄色，腹下毛色较淡。

（三）生产性能

1. **产蛋性能** 在放牧条件下，年平均产蛋80个，据报道最高产蛋记录180～200个，平均蛋重120～130克，蛋壳白色，蛋壳厚度0.45～0.51毫米，蛋形指数1：（1.41～1.48）。

2. **生长速度与产肉、产绒性能** 公鹅初生重70～78克，母鹅68～79克；60日龄公鹅体重1.39～1.48千克，母鹅0.88～1.52千克；90日龄公鹅体重1.91～2.47千克，母鹅1.78～1.88千克。成年公鹅平均体重3.72～4.44千克，母鹅3.12～3.82千克；屠宰活重3.25～4.51千克的公鹅，半净膛率78.3%～81.2%，全净膛率70.3%～72.6%；活重2.86～3.70千克的母鹅，半净膛率为

75.6％～81.2％，全净膛率 69.3％～71.2％。仔鹅填饲后，肥肝平均重 324.6 克，最大 515 克，料肝比 41.3：1。羽绒洁白，含绒量高，但绒絮稍短。成年鹅一次活拔羽绒，公鹅 200 克，母鹅 150 克，其中含绒量 30％左右。

3. 繁殖性能　一般在 7～8 月龄开始产蛋。公母鹅配种比例 1：（5～7），种蛋受精率 85％左右，受精蛋孵化率 80％～85％。4 周龄、5～30 周龄、31～80 周龄成活率分别为 92％、95％和 95％。母鹅种用年限 3 年。

4. 利用特色　可作鹅蛋生产，适宜当地"炖大鹅"消费或加工风腊产品。

三、乌鬃鹅

（一）产地与分布

原产于广东省清远市，故又名清远鹅。因羽毛大部分为乌棕色，而得此名，也称墨鬃鹅。中心产区位于清远市北江两岸。分布在粤北、粤中地区和广州市郊，以清远及邻近的花都区、佛岗、从化、英德等地较多。邻近的江西、浙江、福建等地也有饲养。

（二）外貌特征

体型紧凑，头小、颈细、腿短。公鹅体型较大、呈榄核形；母鹅呈楔形。羽毛大部分呈乌棕色，从头顶部到最后颈椎，有一条鬃状黑褐色羽毛带。颈部两侧的羽毛为白色，翼羽、肩羽、背羽和尾羽为黑褐色，羽毛末端有明显的棕褐色银边。胸羽灰白色或灰色，腹羽灰白色或白色。在背部两边，有一条起自肩部直至尾根的 2 厘米宽的白色羽毛带，在尾翼间未被覆盖部分呈现白色圈带。青年鹅的各部位羽毛颜色比成年鹅深。喙、肉瘤、跖、蹼均为黑褐色，虹彩棕色。

（三）生产性能

1. 产蛋性能　一年分 4～5 个产蛋期，平均年产蛋 30 个左右，平均蛋重 144.5 克。蛋壳浅褐色，蛋形指数 1：1.49。

2. 生长速度与产肉性能　初生重 95 克，30 日龄体重 695 克，

70 日龄体重 2 850 克，90 日龄体重 3 170 克，料肉比为 2.31：1。公鹅半净膛率和全净膛率分别为 87.4% 和 77.4%，母鹅分别为 87.5% 和 78.1%。

3. 繁殖性能　母鹅开产日龄为 140 天左右，有很强的就巢性。公母鹅配比 1：（8～10），种蛋受精率 87.7%，受精蛋孵化率 92.5%，雏鹅成活率 84.9%。

4. 利用特色　适合加工烧鹅、白切鹅。

> ●小知识——小型鹅产蛋多
>
> 　　一般小型鹅品种的产蛋性能较高，可以作为蛋肉兼用型品种，适宜于鹅蛋消费地区饲养。产蛋性能好的小型鹅品种还可以通过选育，再提高产蛋率，具有发展蛋用型鹅品种的潜力，将进一步丰富鹅品种资源，拓展鹅业市场。

专题二　中型鹅品种

一、浙东白鹅

（一）产地与分布

原有象山白鹅、奉化白鹅、绍兴白鹅、舟山（定海）白鹅等称，因其产地地理气候条件相近，品种外形、生产性能差异小，20 世纪 80 年代中期统称为浙东白鹅。中心产区现位于浙江省东部的象山县，主要分布于余姚、鄞州、绍兴、奉化、宁海、定海、上虞、嵊州、新昌、三门、萧山等地。江苏省南部因 70 年代大量引种，也有较大数量分布，2006 年江苏省洪泽县引入种鹅 10 000 余只。现有十个省份引种。

（二）外貌特征

体型中等，体躯长方形，全身羽毛洁白，约有 15% 的个体在头部和背侧夹杂少量斑点状灰褐色羽毛。额上方肉瘤高突，呈半球形。随年龄增长，突起变得更加明显。无咽袋，颈细长。喙、跖、蹼幼年时呈橘黄色，成年后变橘红色，肉瘤颜色较喙色略浅，眼睑金黄色，虹彩灰蓝色。成年公鹅体型高大雄伟，肉瘤高突，鸣声洪亮，好斗啄人；成年母鹅腹宽而下垂，肉瘤较低，鸣声低沉，性情温驯。

（三）生产性能

1. 产蛋性能 一般每年有 4 个产蛋期，每期产蛋 9～11 个，一年可产 40 个左右。平均蛋重 162 克。蛋壳白色。蛋形指数 1：1.55。

2. 生长速度与产肉、产绒性能 初生重 102 克，60～70 日龄体重平均 4.10 千克，其中公鹅重 4.30 千克，母鹅重 3.80 千克。放牧、半放牧条件下，精饲料报酬为 1：1。成年公鹅重 6.50 千克，母鹅重 5.50 千克；背长公母鹅分别为 30 厘米和 28 厘米，胸深分别为 9.2 厘米和 8.7 厘米，胸宽分别为 8.7 厘米和 8.3 厘米，龙骨长为 16 厘米和 15 厘米，颈长分别为 33.5 厘米和 31.0 厘米。70 日龄仔鹅屠宰测定，半净膛率和全净膛率分别为 81.1% 和 72.0%，胸、腿肌率分别为 13% 和 17%。70 日龄经 23 天填肥后，肥肝平均重 392 克，最大肥肝 600 克；料肝比为 36：1。70 日龄仔鹅每只产羽毛 130～170 克，其中羽绒量 20%～40%，羽绒质量好、绒朵大。

3. 繁殖性能 母鹅开产日龄一般在 125～135 天，是最早开产的品种之一。公鹅 4 月龄开始性成熟，初配年龄 150～160 日龄，公母鹅配种比例 1：（6～8）。半放牧条件下种蛋受精率 90% 以上，受精蛋孵化率为 90% 左右。公鹅种用年限 3～5 年，以第 2、3 年为最佳时期。绝大多数母鹅都有较强的就巢性，每年就巢 3～4 次，一般连续产蛋 9～11 个后就巢 1 次。

4. 利用特色 浙东白鹅肉质鲜美，适宜制作保持原味的地方特色菜肴或加工产品，我国消费区域广泛，推广价值较大。同时，早期生长速度快，可以作为杂交父本培育配套系。

二、皖西白鹅

(一) 产地与分布

中心产区位于安徽省西部丘陵山区和河南省固始一带，主要分布皖西的霍邱、寿县、六安、肥西、舒城、长丰等地以及河南的固始、郑州等地。

(二) 外貌特征

体型中等，体态高昂，颈长呈弓形，胸深广，背宽平。全身羽毛洁白，头顶肉瘤呈橘黄色，圆而光滑无皱褶，喙橘黄色，喙端色较淡，虹彩灰蓝色，胫、蹼橘红色，爪白色，约6%的鹅颌下带有咽袋。少数个体头颈后部有球形羽束，即顶心毛。公鹅肉瘤大而向前突出，颈粗长有力；母鹅颈较细短，腹部轻微下垂。

(三) 生产性能

1. 产蛋性能　产蛋多集中在1月及4月。1月份开产第一期蛋的母鹅占61%；4月份开产第二期蛋的母鹅占65%。因此，3月、5月分别为一、二期鹅的出雏高峰，可见皖西白鹅繁殖季节性强，时间集中。一般母鹅年产两期蛋，年产蛋量25个左右，3%～4%的母鹅可连产蛋30～50个，群众称之为"常蛋鹅"。平均蛋重142克，蛋壳白色，蛋形指数1∶1.47。

2. 生长速度与产肉、产绒性能　初生重90克左右，30日龄仔鹅体重可达1.50千克以上，60日龄达3.00～3.50千克，90日龄达4.50千克左右，成年公鹅体重6.12千克，母鹅5.56千克。8月龄放牧饲养且不催肥的鹅，其半净膛和全净膛率分别为79.0%和72.8%，皖西白鹅羽绒质量好尤其以绒毛的绒朵大而著称。平均每只鹅产羽毛349克，其中羽绒量40～50克。

3. 繁殖性能　母鹅开产日龄一般为6月龄，但当地习惯早春孵化，人为将开产期控制到9～10月龄。公母鹅配种比例1∶(4～5)。种蛋受精率平均为88.7%，受精蛋孵化率为91.1%，健雏率97.0%。30日龄仔鹅成活率平均达96.8%。母鹅就巢性强，一般年产两期蛋，每产一期，就巢一次，有就巢性的母鹅占98.9%，其中一年就巢两次的占 92.1%。公鹅种用年限 3～4 年或更长，母鹅 4～5 年，优良者可利用 7～8 年。

4. 利用特色 皖西白鹅出栏体重大，头部额瘤明显，消费区域较广，有较大的推广潜力。

三、四川白鹅

(一)产地与分布

中心产区位于四川荣昌、温江、乐山、宜宾、永川和达州等地，宜宾市主要分布于江安、长宁、翠屏、高县和兴文等平坝和丘陵水稻产区。各地引种较多。

(二)外貌特征

体形稍细长，头中等大小，躯干呈圆筒形，全身羽毛洁白，喙、跖、蹼橘红色，虹彩蓝灰色。公鹅体型稍大，头颈较粗短，额部有一呈半圆形的橘红色肉瘤；母鹅头清目秀，颈细长，肉瘤不明显。

(三)生产性能

1. 产蛋性能 年平均产蛋量 60～80 个，高产的母鹅可超过 100 个，平均蛋重 146 克，蛋壳白色。

2. 生长速度与产肉、产肝性能 初生雏鹅体重为 71.10 克，60 日龄体重为 2.48 千克，90 日龄体重为 3.50 千克，成年体重公鹅为 5.00～5.50 千克，母鹅为 4.50～4.90 千克。180 日龄公鹅半净膛率为 86.28%，母鹅为 80.69%，全净膛率公鹅为 79.27%，母鹅为 73.10%，胸腿肌重公母鹅分别为 829.5 克和 644.6 克，占全净膛重的 29.71% 和 20.40%。经填肥，肥肝平均重为 344 克，最大 520 克，料肝比为 42∶1。

3. 繁殖性能 母鹅开产日龄 200～240 天。公鹅性成熟期为 180 天左右，公母鹅配种比例 1∶(3～4)，种蛋受精率 85% 以上，受精蛋孵化率为 84% 左右，无就巢性。

4. 利用特色 四川白鹅产蛋率高，可作为杂交母本使用，提高群体繁殖速度，降低种苗成本，具有较大的遗传利用潜力。

四、莱茵鹅

(一) 产地与分布

原产于德国莱茵河流域的莱茵州，是欧洲产蛋量最高的鹅种，现广泛分布于欧洲各国。国内引种较早。

(二) 外貌特征

体型中等，初生雏头、背面羽毛为灰褐色，2～6周龄逐渐转变为白色，成年时全身羽毛洁白。喙、跖、蹼呈橘黄色。头上无肉瘤，颈粗短。

(三) 生产性能

1. 产蛋性能 年产蛋量为50～60个，平均蛋重150～190克。

2. 生长速度与产肉性能 成年公鹅体重5.00～6.00千克，母鹅4.50～5.00千克。仔鹅8周龄活重可达4.20～4.30千克，料重比为（2.5～3.0）：1，莱茵鹅能适应大群舍饲，是理想的肉用鹅种。但产肝性能较差，平均肝重为276克。

3. 繁殖性能 母鹅开产日龄为210～240天。公母鹅配种比例1：（3～5），种蛋平均受精率74.9%，受精蛋孵化率80%～85%。

4. 利用特色 莱茵鹅生长速度快，成年体重大，羽色洁白，适合做杂交父本，用于肉鹅配套系培育。

> **➲ 小知识——品种形成的社会条件**
>
> 不同类型鹅品种形成与社会环境条件密不可分。人们驯养雁鹅后，按照当地社会环境条件、风俗习惯，经过长期的选留，形成了现有的各个鹅地方品种。这些鹅品种均有与产区社会需求相关的、不同的外貌和生产性能特点，并在当时交通、信息条件的制约下得以保留。目前，我们应在保护好地方品种遗传资源的基础上，为适应市场消费需求，充分利用我国丰富的鹅品种资源，创新迎合市场的新品种（系），是提升鹅产业规模与效益的核心。

❓ 案 例 >>>

浙东白鹅成长史

浙东白鹅原产于浙江省东部地区，在历史上该区域濒临大海，陆路交通闭塞，致使分布范围难以扩大。1978 年以来，畜禽资源调查发现了浙东白鹅品种及生产性能，产区地方政府充分利用其早期生长速度快、肉质优等特性，发展浙东白鹅生产，并销往中国香港、中国澳门和东南亚国家。随后，通过开展本品种选育与提纯复壮以及规模化养殖技术研究与推广，使浙东白鹅的知名度、养殖水平和生产规模同步提升。从 21 世纪开始，走出产区，在全国推广，养殖效益排在全国前列，成为我国当前推广的主要品种之一。浙东白鹅作为一个分布于一隅的中型鹅品种却能脱颖而出，它走向全国的成长史具有很好的借鉴作用。

专题三 大型鹅品种

一、朗德鹅

（一）产地与分布

原主产于法国西南部靠比斯开湾的朗德省，是世界著名的肥肝专用品种。目前我国用于生产肥肝的鹅品种绝大多数是引入的朗德鹅或杂交后代。

（二）外貌特征

体躯呈长方块形，颈短粗、较直，胸深，背阔，跖短粗。毛色灰褐，颈、背黑褐色，胸部毛色较浅，呈银灰色，到腹下部则呈白色。也有部分白羽个体或灰白杂色个体。通常情况下，灰羽的羽毛较松，白羽的羽毛紧贴。喙橘黄色；跖、蹼为黄色，随年龄增长颜色变深。灰羽在喙尖部有一浅色部分。

（三）生产性能

1. 产蛋性能 一般在 210 日龄产蛋，年平均产蛋 35～50 个，平均蛋重 180～200 克。

2. 生长速度与产肉、肝、绒性能 成年公鹅体重 7.00～8.00 千克，母鹅 6.00～7.00 千克。8 周龄仔鹅活重可达 4.00～5.00 千克。肉用仔鹅经填肥后，活重达到 10.00～11.00 千克，肥肝重量达 700～800 克。特别是笔者 2006 年帮助企业直接从法国引入的 Palmsire/Maxipalm 种鹅，其肥肝重量可达 850～950 克，引入后填肥试验，平均为 1 048.9 克。朗德鹅对人工拔毛耐受性强，羽绒产量在每年拔毛 2 次的情况下，可达 350～450 克。

3. 繁殖性能 性成熟期约 180 天，种蛋受精率不高，仅 65% 左右，少数母鹅有就巢性。

4. 利用特色 作为肥肝生产最佳品种，随着我国鹅肥肝消费的增加，将会进一步增加饲养量。同时，朗德鹅还可以作为特色加工肉鹅用，推广潜力较大。

二、狮头鹅

（一）产地与分布

狮头鹅是我国唯一的大型鹅种，因前额和颊侧肉瘤发达呈狮头状而得名。狮头鹅原产于广东饶平县溪楼村。现中心产区位于汕头市。国内均有引种。

（二）外貌特征

体型硕大，体躯呈方形。头大，颈粗而微弯，头部前额肉瘤发达，覆盖于喙上，颌下发达的咽袋一直延伸到颈部，呈三角形。喙短，质坚实，黑褐色，眼皮突出，多呈黄色，虹彩褐色，胫粗蹼宽，为橙红色，有黑斑，皮肤米色或乳白色，体内侧有皮肤皱褶。全身背面羽毛、前胸羽毛及翼羽为棕褐色，由头顶至颈部的背面形成如鬃状的深褐色羽毛带，全身腹部的羽毛白色或灰色。

（三）生产性能

1. 产蛋性能 产蛋季节通常在当年 8～9 月至次年 3～4 月，

这一时期一般分 3～4 个产蛋期，每期可产蛋 6～10 个。第一个产蛋年产蛋量为 24 个，平均蛋重 176 克，蛋壳乳白色，蛋形指数为 1.48。两岁以上母鹅，平均产蛋量 25～35 个，平均蛋重 217.2 克，蛋形指数 1∶1.53。

2. 生长速度与产肉、产肝性能　成年公鹅体重 8.85 千克，母鹅为 7.86 千克。公鹅初生重 134 克，母鹅 133 克。在放牧条件下，30 日龄公鹅体重 2.25 千克，母鹅 2.06 千克；60 日龄公鹅体重 5.55 千克，母鹅 5.12 千克；70～90 日龄上市未经育肥的仔鹅，公鹅平均体重 6.18 千克，母鹅 5.51 千克；公鹅半净膛率 81.9%，母鹅为 84.2%；公鹅全净膛率 71.9%，母鹅为 72.4%。狮头鹅平均肝重 538 克，最大肥肝可达 1400 克，肥肝占屠体重达 13%，料肝比为 40∶1。

3. 繁殖性能　母鹅开产日龄为 160～180 天，一般控制在 220～250 日龄。种公鹅配种一般都在 200 日龄以上，公母鹅配种比例 1∶（5～6）。鹅群在水中进行自然交配，种蛋受精率 70%～80%，受精蛋孵化率 80%～90%，母鹅就巢性强，每产完一期蛋就巢 1 次，全年就巢 3～4 次。母鹅种用年限 5～6 年。雏鹅在正常饲养条件下，30 日龄雏鹅成活率可达 95% 以上。

4. 利用特色　狮头鹅是我国唯一的大型鹅品种，十分适合加工粤菜系的卤鹅，以广东省为中心，饲养和产品消费会逐步扩大。

三、霍尔多巴吉鹅

（一）产地与分布

霍尔多巴吉鹅原产意大利，产毛多、含绒量高、绒朵大、弹性好，是目前世界上最好的羽绒之一，其价格比目前中国白鹅绒高出 1/3 以上，国际市场供不应求，是欧洲最大的水禽养殖加工企业匈牙利霍尔多巴吉鹅股份公司多年培育的国际公认的绒肉兼用型优良品种。我国引进后在内蒙古、山东、黑龙江、安徽、海南、吉林、江苏等地饲养。

（二）外貌特征

体型高大，羽毛洁白、丰满、紧密，胸部开阔，光滑，头大呈椭圆形，眼蓝色，喙、胫、蹼呈橘黄色，胫粗，蹼大，头上无肉瘤，腹部有皱褶下垂。雏鹅背部为灰褐色，余下部分为黄色绒毛，2～6周龄羽毛逐渐长出，变成白色。

（三）生产性能

1. 产蛋性能 年平均产蛋40～50个，蛋重平均170～190克，蛋壳坚厚，呈白色。产蛋季节通常是每年2～6月，8～11月。

2. 生长速度 育雏28天，鹅体重平均可达2.20千克，60天体重可达4.50千克，饲养180天公鹅体重达8.00～12.00千克，母鹅体重6.00～8.00千克。本鹅种取食面宽、耐粗饲、消化能力好、吸收能力强、可食牧草达几百种之多，众多草粉均可做饲料（玉米秸秆粉是最佳的粗饲料），日粮中粗饲料的比例可占90%左右。饲养到8～9周龄可以首次取绒，以后每隔6周取绒一次，每只鹅产绒量分别是100～110克，含绒量为18%～20%；以后两至三次分别是160～170克，含绒量为20%以上。

3. 繁殖性能 母鹅8个月左右开产，公母鹅配比是1∶3。母鹅种用年限5年，种鹅在陆地即可正常交配，正常饲养情况下，种蛋受精率可达97%，受精蛋孵化率75%以上，雏鹅成活率98%，雏鹅体重平均100～110克，本鹅种无就巢性，适应大群舍式饲养。

4. 利用特色 霍尔多巴吉鹅是我国近年引进的大型白羽鹅品种，作为育种材料，应用价值较大，且羽绒性能较好，具有一定的推广前景。

四、图卢兹鹅

（一）产地与分布

又称茜蒙鹅，是世界上体型最大的鹅种，19世纪初由灰鹅驯化选育而成。原产于法国南部的图卢兹市郊区，主要分布于法国西南部。后传入英国、美国等欧美国家。

（二）外貌特征

体型大，羽毛丰满，具有大型鹅的特征。头大、喙尖、颈粗短，中等长度，体躯呈水平状态，胸部宽深，跖短粗。颔下有皮肤下垂形成的咽袋，腹下有腹褶，咽袋与腹皱均发达。羽毛灰色，着生蓬松，头部灰色，颈背深灰，胸部浅灰，腹部白色。翼部羽深灰色带浅色镶边，尾羽灰白色。喙橘黄色，跖、蹼橘红色。眼深褐色或红褐色。图卢兹鹅根据腹部有无皮褶和颌下有无咽袋，可分为四个变种：颌下有咽袋，腹下有皮褶；颌下有咽袋，腹下无皮褶；颌下无咽袋，腹下有皮褶；颌下无咽袋，腹下无皮褶。

（三）生产性能

1. 产蛋性能　年产蛋量 20～40 个，平均蛋重 170～200 克，蛋壳呈乳白色。

2. 生长速度与产肉性能　成年公鹅体重 10.00～14.00 千克，母鹅 8.00～10.00 千克，60 日龄仔鹅平均体重为 3.90 千克。早期生长速度快，产肉量高，但肌肉纤维粗，肉质欠佳，容易沉积脂肪，用于生产肥肝和鹅油。每只鹅平均肥肝重可达 1 000 克以上，最大肥肝重达 1 800 克，但质量较差，质地较软。

3. 繁殖性能　母鹅开产日龄为 305 天。公鹅性欲较强，有 22% 的公鹅和 40% 的母鹅是单配偶，受精率低，仅 65%～75%，公母鹅配种比例 1∶(3～4)，1 只母鹅 1 年只能繁殖 10 多只雏鹅。无就巢性。

4. 利用特色　可引进作为肥肝生产鹅品种的补充。

> ➡ **小知识——鹅遗传资源保护**
>
> 为了丰富鹅的遗传资源，保留众多的地方品种特有性能，需要开展鹅遗传资源保护，为今后的遗传育种提供素材，就是在允许持续进化的环境条件下，使得生物（鹅）资源以自然群落形式长期保留的措施和方案，即进行鹅的遗传多样性保护，免遭混杂和灭绝。鹅遗传资源保护方法有活体保存（基因库保种、保种场保种、保护区保种等）、遗传材料保种（冷冻精液、原始生殖细胞，体细胞、组织、血液等低温保存）。

? 案 例 >>>

狮头鹅的成长史

广东潮汕地区居民每年有集中拜神的传统，家家户户需要用鹅祭神，并认为体型越大，越光宗耀祖，农民按此经过长期培育，于是就有了现在的大型鹅品种狮头鹅。进入 21 世纪，随着当地社会经济发展，人们消费水平提高，无鹅不成宴的粤菜受消费者青睐，随之带动了狮头鹅产业的发展，农户养殖效益增加，年饲养量快速提升，2018 年已达 2 000 多万只。传统消费特色与餐饮业发展促成了我国具有明显地方特色的狮头鹅品种的成长发展，对我国由传统消费带动鹅地方品种发展具有借鉴意义。

专题四 繁殖

一、选配方法

选配是有计划、有目的地确定与配双方的个体，以生产更好的后代。优秀种鹅选出以后，通过公母的合理组群，使其优良的性能遗传给后代，种鹅的合理选配是选择的继续，是繁殖技术的一个环节。

(一) 同质选配

就是将生产性能或其他经济性状、特点相同或相似的公母个体组成一个群体，也称相似交配。这种选配方法可增加亲代与后代同胞之间的相似性，有利于性状遗传的稳定，这也是鹅纯种繁育或杂交选育横交固定的主要手段。但持续的同质选配会产生近亲繁殖，可能导致后代生活力下降。同质选配根据各性能相似性资料来源分基因型同质选配和表现型同质选配，前者按系谱记录资料进行，后者以个体性状记录资料进行。

(二)异质选配

就是将不同生产性能或性状的优良公母鹅组成一个群，也称不近似交配。这种方法可增加后代的杂合性，降低亲代和后代相似性，后代会出现介于双亲之间的性状，使后代获得具有亲代双方优点或一方优点。鹅的品种或品系间杂交多属于异质选配。这种选配方法可使交配双方的遗传物质重新组合，丰富了群体中所选性状的遗传变异，进一步增加了选种材料，可不断提高鹅群的生产品质。

(三)随机选配

就是不加人为控制，随机组群，自由交配。这种方法可保持群体遗传结构不变，适于在品种资源保存方面应用，可防止一些地方品种的优秀基因受人为选择而流失。随机选配由种鹅自行选择与配对象，一般体型强壮、性欲旺盛的公鹅交配机会较多，因此，随机交配要结合严格的选种，否则可能产生不良基因的集中，并在鹅群中扩大。

二、种用年限

(一)配种比例

公母鹅配种比例直接影响受精率的高低和饲养成本。配种的比例随着鹅的品种、年龄、配种方法、群体大小、季节和饲养管理条件不同而不同。在自然交配情况下，一般小型鹅种的公母比例为1：（6～7），大型鹅种为1：（4～5）。公母比例可根据种蛋受精情况进行适当调整。混群饲养的种鹅群构成在开始产蛋前就应该建好，并在整个生产过程中都保持这样的构成，这对保证种蛋的受精率是非常重要的。因此，要增加公鹅的数量，以防止由于公鹅的意外死亡进行的更换；有些性能力较强的品种，可采用公母鹅隔离饲养，定时配种可提高公鹅配种能力和受精率；采用人工授精技术可大幅度减少公鹅饲养数，公母比例可达1：（20～30），公鹅利用率提高3～4倍。

(二)配种年龄

种公鹅的配种年龄与品种的性成熟早晚有关，一般品种在

180～200 日龄达到性成熟，具有配种能力，但要求在 10～12 月龄开始配种。母鹅 7 月龄左右产蛋，蛋重达到 110～130 克可以配种，初产时因蛋重小，蛋形不合格，双黄蛋、畸形蛋多，而不能作种蛋用，可以不配种。配种年龄影响繁殖性能，如浙东白鹅母鹅种用年限较长，为提高种蛋受精率，可选择年龄较小的公鹅与配。

(三) 种用年限

鹅的种用年限比其他家禽长，大多数品种能利用多个产蛋年。因为鹅的性成熟期较晚，产蛋量随年龄增加而增加，一般第二产蛋年产蛋量比第一产蛋年高 15%～20%，第三产蛋年可再增加 15%～25%，第四年开始逐渐下降。因此，母鹅的种用年限一般为 3～5 年，有的个体可延长至 6～7 年。公鹅一般种用年限为 3 年，有的个体可延长至 4～6 年。

三、配种

(一) 自然交配

1. 群体自然交配 公母鹅按品种要求比例搭配后，混合在同一群体，让其自然交配。自然交配一般在陆地或水面上进行，水面配种受精率较高，因此，种鹅场应设清洁的游水场地。公母之间自由组合，配种机会均等，受精率较高。采用自然交配方法要注意公鹅的交配情况和种蛋受精率，并依此调整饲养管理方式和种公鹅数量。群体自然交配还可进行定时混群交配，平时公母分开饲养，这样更能提高种蛋受精率，保持公鹅性欲，减少公鹅对母鹅的骚扰；同时，还能对母鹅分群饲养，延长配种间隔时间（隔 3～5 天配种 1 次），能提高配种效率，减少公鹅数量。

2. 人工辅助交配 在孵化繁殖季节，为使每只母鹅都能与公鹅按时交配，提高种蛋受精率，可实行人工辅助交配。人工辅助交配对大中型鹅种提高受精率效果显著。人工辅助交配方法是在上午 9 时前公鹅性欲最旺盛时，饲养人员蹲于母鹅左侧，双手抓住母鹅的双腿保定，防止交配时左右摇摆，公鹅跳到母鹅背上，用喙啄住母鹅头顶羽毛，尾部向前下方紧压，母鹅尾部随之上翘，公鹅阴茎插入母鹅泄殖腔并射精，这时，如在公鹅尾部轻轻按压，能加深射精部位，提高受精率。公鹅射精离开后，迅速将母鹅泄殖腔朝上并在周围轻压一下，以防精液倒流出来。

（二）人工授精

1. 采精

（1）公鹅选择与训练 公鹅采精应先进行徒手训练，经3～5次的调教，选择性敏感性强、射精表现良好、精液质量优的为采精公鹅，一般选择射精量多且稳定的公鹅供种用。

（2）公鹅管理 采精公鹅与母鹅分开饲养，并加强营养，提高优质蛋白质比例。采精前剪去泄殖腔周边羽毛，以防精液污染。

（3）采精方法 公鹅采精可采用背腹式按摩采精法，助手握住公鹅的两脚，坐于采精员右前方，将公鹅放在膝上，尾部向外，头部夹于左臂下。采精员左手掌心向下紧贴公鹅背腰部，向尾部方向不断按摩（一般按摩4～5次即可），同时用右手大拇指和其他四指握住泄殖腔按摩至泄殖腔周围肌肉充血膨胀，感觉外突时，再改变按摩手法，用左手和右手大拇指、食指紧贴于泄殖腔左右两侧，在泄殖腔上部交互有节奏地轻轻挤压，至阴茎勃起伸出。最后挤压时，右手拇指和食指压迫泄殖腔环的上部，中指顶着阴茎基部下方，使输精沟完全闭锁，精液沿着输精沟从阴茎顶端排出。与此同时，助手将集精杯靠近泄殖腔，阴茎勃起外翻时，自然插入集精杯内射精。如有的农户对背腹式按摩采精法难以熟练掌握的，对浙东白鹅等性欲较强的鹅种可用简易的采精方法，即饲养员按照自然交配中人工辅助配种的方法，将台鹅（诱配母鹅）蹲下保定，公鹅爬跳到母鹅背上后，右手放于公母鹅泄殖腔之间，待公鹅伸出阴茎时，左手将集精杯或5～10毫升的烧杯靠近公鹅泄殖腔，用右手将伸出的阴茎轻轻导入杯中，使其在杯内射精。

采精员开始不熟练可有助手辅助，熟练后可单独操作。一般公鹅经调教每次采精过程只需半分钟。采精宜于上午8时左右进行，因公鹅经过一夜休息，早晨性欲旺盛，能采到质量较高的精液。公鹅采精次数一般1天1次，连续2~3天后，休息1天。

除人工按摩法采精外，还可采用电刺激法采精。将公鹅固定于采精台上，打开专用的电刺激采精仪，把正极探针（尖针）置于公鹅荐骨部皮肤上，负极探针（短轴杆）插入泄殖腔内，用30~80伏、40~80毫安的电流（先弱后强），每隔2~3秒刺激1次，每次持续时间3~5秒，重复4~5次，当公鹅阴茎勃起时，用手揉捏泄殖腔，即可使阴茎伸出射精。

2. 精液稀释保存

（1）精液性状　正常无污染的精液为乳白色、不透明的液体，如混入血液则呈粉红色，被粪便污染为黄褐色，均不能用于人工授精。种公鹅一次射精量为0.1~1.38毫升，一般为0.25~0.45毫升，射精量随鹅龄、季节、个体差异和采精者的熟练程度等不同而有较大的变化。将采得的原精液置于37℃左右的恒温箱内或恒温板上，在200~400倍显微镜下可见优良公鹅的精液呈旋涡翻滚状态；精子活力可达0.7~0.9级，精子活力的测定可在显微镜下观察呈直线前进运动的精子占比情况；精子的密度可达10亿个/毫升左右，测量时可将原精液用3%氯化钠溶液作200倍稀释后，用血细胞计数板算出精子的密度。对精液进行品质检查，有助于提高种蛋的受精率和掌握每只种公鹅精液质量的好坏，从而作出适当的调整，也为种公鹅正确的饲养管理提供科学依据。

（2）精液稀释　精液稀释的作用主要是扩充精液，增加输精量，补充营养和保护物质，减轻乳酸对精子的危害，从而延长精子在体外的存活时间。新鲜精液体外存活时间较短，常温下保存30分钟以上会影响受精能力。因此，精液采集后经镜检正常，根据精子浓度和活力用稀释液进行1~3倍稀释，一般要求稀释后活精子数为3亿~4亿个/毫升。在20~25℃环境中将精液与稀释液徐徐混合均匀。如现配现用可用0.9%氯化钠溶液（生理盐水）稀释。部分常用稀释液配方介绍见表1-1。

表 1-1　每百毫升常用稀释液配方　　单位：克

成分	I	II	III	IV	V	VI
葡萄糖		0.31		1.40		0.15
乳糖						11
果糖			1.00		1.80	
甘氨酸钠		1.67				
谷氨酸钠（H_2O）			1.920		2.80	1.380 5
氯化镁（$6H_2O$）			0.068			0.024 4
醋酸钠（$3H_2O$）			0.857			
柠檬酸钾			0.128			
柠檬酸钠		0.67		1.40		
磷酸二氢钾				0.36		
氯化钠	0.65					
氯化钾	0.02					
氯化钙	0.02					

注：在100毫升稀释液中加青霉素15万单位、链霉素150毫克。

（3）精液保存　一般要求每只公鹅精液分开稀释保存，避免出现不同个体公鹅的精子凝集现象。精液稀释后可在2～5℃环境中静置保存，一般可保存72小时。

3. 输精

（1）准备输精器　将稀释后的精液0.05～0.1毫升吸入输精器中，如使用保存精液则先将精液升温至37℃左右，并慢慢摇匀后吸入输精器。

（2）固定母鹅　将母鹅挤去肛门中粪便，由助手两手抓住母鹅翅膀根部使其蹲卧地上或固定在高约70厘米的受精台（或凳子）上。

（3）泄殖腔张开　输精前先剪去肛门周围的羽毛，用浸有生理盐水的棉球洗擦肛门后，输精员左手四指并拢把尾羽拨向一边，大拇指紧靠泄殖腔下缘，轻轻向下压迫，使泄殖腔张开。

（4）插入输精器　此时输精员右手将盛有精液的输精器沿泄殖腔左下方徐徐插入。当感到推进无阻挡时说明输精器已准确进入阴道部，一般以插入5～7厘米深为准。

（5）输入精液　此时输精员放松左手，右手稳住输精器，将精液缓慢注入。

（6）拔出输精器　输精完毕，轻轻拔出输精器，同时松手减轻压迫，阴道口即可慢慢缩回泄殖腔，然后将母鹅轻轻放在地上。

（7）输精时间　一般在上午产蛋后或下午 4 时左右进行输精，每只母鹅隔 5～6 天输 1 次。为提高受精率，在输第一次时，输精量应加倍。

4. 人工授精过程中的注意事项

（1）采精和输精所需器械必须经高温高压灭菌消毒。稀释液需经 118～126℃灭菌 30 分钟，自然冷却后备用。

（2）采精前 3～5 小时要停水停料，以减少粪便对精液的污染。

（3）采精人员须固定，因每个人的手法和力度有所不同，更换人员易引起种公鹅应激而影响精液质量；按摩刺激时应适度，过重的刺激易引起排粪和产生过多的透明液。

（4）在采精、稀释过程中要严禁吸烟，并避免强烈光照和较大的温差。精液从采集到输精结束所用时间最长不得超过 90 分钟，以免影响输精效果。

（5）输精时要排除输精器内的气泡，否则会使输入精液外溢，影响种蛋受精率。

（6）输精部位要适中，以插入泄殖腔 5～7 厘米为宜，过浅时易外溢，过深则影响种蛋孵化效果，增加死胚。

（7）对患有生殖道炎症等疾病的母鹅，不宜输精，应及时隔离治疗。每输完一只母鹅，最好用酒精棉球将输精器擦净，以防交叉感染。

四、繁殖季节

我国鹅的繁殖季节在不同地区有所区别，长江以南的多数鹅种都从每年 9～11 月进入繁殖产蛋期，在次年 4～6 月进入休蛋期，一般华东地区的种鹅 11 月下旬开产，浙江地区提前到 9 月，至第二年 5～6 月休蛋。东北地区 5～6 月产蛋，适合于当地孵化和肉鹅饲养季节。传统繁殖方式都有休蛋期，由于我国地域面积广阔，气候、季节差异大，其繁殖季节能相互弥补和衔接，能做到常年产出肉鹅供应市场，其淡旺季与传统消费习惯匹配，如夏季产量低，消费需求也少，农历年底消费需求大，正是鹅的繁殖旺季。雏鹅及肉鹅的市场价格也在 7～10 月较高。浙江地区 3～6 月是浙东白鹅肉鹅出栏旺季，就有端午节女婿给丈人送礼品必须有鹅的习俗。但是，冬季 1～2 月雏鹅上市高峰期也与中国传统的农村春节休闲时节重叠，农户养鹅积极性下降使雏鹅供过于求造成价格大跌。冬季育雏成活率低于全年其他季节，加大了冬季养鹅成本。同时，鹅的季节性繁殖也是其繁殖力低的主要原因，因此，从现代社会发展趋势看，传统消费习惯正在改变，要求优质肉鹅能做到常年供应，工厂化生产和鹅产品的深加工更是要求保证肉鹅原料的常年供应。为达到这个目的，就要研究应用鹅的错季繁殖技术，用人工调控光照等综合措施，改变鹅的原有繁殖季节。

（一）错季繁殖技术原理

鹅的繁殖季节的形成，主要目的是为了使子代能够在气温适宜、水草丰美的春夏季出生（孵出），利用良好的条件生存和生长，获得足够的抵抗力后再面对严酷的秋冬季，这样可以最大限度地提高物种的生存延续能力。生活在温带和寒带的大部分动物，其繁殖季节一般受光照调控。许多禽类的孵化期都较短，仅为一至几个月，因此都属于长日照繁殖动物，属于短日照繁殖的非常少见。除了广东省的几个鹅种属于短日照繁殖动物外，世界上的大部分鹅种，都属于长日照繁殖动物，其繁殖产蛋季节在春季日照延长时开始，在夏季日照达到最长时结束。

高纬度地区，鹅产蛋发生在春夏季；纬度越低，产蛋季节前移至秋季和春季，但最高峰仍在春季。由此可分三类不同的繁殖季节：完全长日照、部分长日照、短日照。我国中部地区的皖西白鹅等为完全长日照繁殖动物；浙东白鹅、马岗鹅为短日照繁殖动物；四川白鹅介于中部的完全长日照繁殖鹅种和广东的短日照繁殖鹅种之间，属于部分长日照繁殖动物。位于中等纬度或我国中部地区的鹅种如皖西白鹅等，其繁殖季节在秋季日照缩短时开始，但高峰期在春季光照延长之时，产蛋结束在夏季初期。鹅在夏季繁殖活动的停止，被认为是对长日照光照信号刺激的"钝化"结果，这一"钝化"效应使鹅的繁殖活动终止。而鹅需要经过秋季一段时间的短日照的作用，才能消除这一对长光照的"钝化"作用，使其繁殖活动得到一部分恢复，所以鹅在秋季就可以表现出一定程度的产蛋。但鹅必须在光照延长的春季，才能表现出最大程度的繁殖活性，使产蛋性能在春季达到最高。人工调控光照改变鹅的原有繁殖季节，不仅解决了种苗常年供应问题，还可以缩短休蛋期，使自然条件下的2年2个产蛋期成为2年3个产蛋期，增加每只母鹅产蛋数。

（二）光照处理模式

1. 短日照繁殖模式 先诱导休蛋，经过一个休蛋期，再诱导开产。在冬季用每天18小时的长光照处理（共处理75天），使鹅停止产蛋，进入休蛋状态，在春夏季用每天11小时的短光照促进鹅开产。马冈鹅、浙东白鹅在7月下旬开产，第二年4月份停产，表现为典型的短日照繁殖模式。通过光照控制使鹅在夏季非繁殖季节开产，另外，更早地在秋季（9月）选留后备雏鹅，可以在次年5月开产，再加上光照控制，可以使之形成一个正常的产蛋季节，种鹅到年底休蛋时即淘汰，获得较高经济效益（表1-2）。

表1-2 马冈鹅错季繁殖的经济效益

项目	自然繁殖	错季繁殖		
		3月20日开产	4月20日开产	5月20日开产
总产蛋数（个）	37	36	36	36
母鹅雏鹅价格基数（元）	195.60	436.87	385.89	361.79
受精率（%）	90	82	85	88
孵化率（%）	90	90	90	90
母鹅产雏鹅数（只）	30	26.6	27.5	28.5
母鹅出雏总市值（元）	158.43	322.41	295.20	286.54
母鹅出雏总利润（元）	48.9	207.5	180.3	167.8

注：数据按当年的价格计算。

2. 长日照繁殖模式 先诱导休蛋，经过一个休蛋期，再诱导开产。长光照（19～20小时）处理，使鹅休蛋，很短光照（8小时）处理，使鹅重新对长光照敏感。相对长光照（12小时）处理刺激产蛋，但又不能使鹅很快停产。

(三) 错季繁殖操作程序

要使长日照繁殖鹅种进行错季繁殖产蛋，就必须给予与自然光照程序相反的人工光照。但要鹅在夏季产蛋，就需要使鹅首先在春季就经历一个休蛋期，然后使鹅在夏季进入产蛋期。

1. "光钝化" 需要使鹅在冬、春季进入休蛋期。这需要模拟鹅在正常休蛋时的"光钝化"效应，就必须给予鹅一个非常长的光照，使之产生"光钝化"效应。因此需要给予每天20～21小时的光照。这个光照程序，可以在白天利用太阳光照，夜间则用人工光源补充，光照强度为80～100勒克斯，即每5～6米^{2}安装一盏40瓦的日光灯（使用LED灯光照强度一般是日光灯的4倍）。估计经过一个月的长光照处理，鹅可以停产并开始换毛（此时应进行人工换羽，提高鹅群统一度，一般在长光照处理后公鹅35天、母鹅55天时进行），表现出"光钝化"现象。

2. 消除"光钝化" 鹅产生"光钝化"现象后，再使鹅又消除"光钝化"效应，使鹅的繁殖系统重新恢复，并对长光照表现出敏感性。鹅经历一个较短或很短的光照处理，光照时间一般需要从原来的每天20小时降低到每天5～8小时。光照时间越短，鹅消除"光钝化"效应的速度越快。这一阶段应该保持至少5～10周，如果每天光照时间5小时，则需要5周；如果每天光照8小时，则需要10周。这样的短日照时间，在春季海南地区气温不太高之时还是可以进行操作的。

3. 恢复繁殖 需要在鹅消除"光钝化"效应后，使鹅重新接受"稍长"的日照以给予其繁殖系统较强的刺激，促进产蛋。这时光照需要延长到9～12小时。9～12小时的"长日照"只是较原来的5～8小时相对长而已，并不是绝对的长日照。而如果鹅在原来维持的日照是较短的5小时，则此时用于激发繁殖系统的日照需要相应地延长至每天 9～10 小时；如果原来短光照时间为每天 8 小时，则此时的长光照时间应该为 12 小时。长光照不应该延得太长，一般保持在每天 12 小时，最多不能超过 13 小时，因为光照延长太快或太长，将使鹅又很快地重新表现出"光钝化"效应。如果将"光钝化"效应的产生尽量推迟，则可以使鹅的产蛋时间或天数尽可能地增多，最大限度地提高其产蛋量。每天光照 12 小时的产蛋时间只保持 20～25 周，这是因为鹅在产蛋后已经重新发生"光钝化"效应了，此时需要重新使鹅休蛋进入下一轮循环。为使公鹅繁殖（交配）时间与母鹅产蛋保持同步，应较母鹅早 20 天结束长光照处理。

4. 新一轮处理 在经过一个短光照的恢复期和一个相对长光照的产蛋期（20～25 周）后，此时鹅的产蛋率将下降，已经发生"光钝化"效应，因此一般只需要从相对长光照直接将光照缩短到短光照（5～8 小时），经过约 2 个月（8～10 周），就可以使鹅重新消除"光钝化"效应，对长光照敏感。此时需要再次延长光照至每天 9～12 小时，使鹅重新产蛋。光照延长，可以以每天增加 1 小时的方式逐步增加。这个操作程序可以使鹅在 2 年中产 3 季蛋，从而使鹅产蛋性能提高约 50%。

五、人工醒抱

(一) 醒抱方法

很多鹅品种具有赖抱性（就巢性），产下几个蛋后就出现赖抱现象，如浙东白鹅传统养殖是采用自然孵化方法繁殖的，母鹅赖抱后，就进行孵化。但是在规模生产条件下，采用人工孵化，就不需要母鹅自然孵化。因此，母鹅不承担孵化任务后，要进行人工醒抱，使母鹅尽快结束赖抱时间，提早产蛋。人工醒抱有药物、物理等方法，醒抱处理后，一般母鹅能提前结束赖抱时间 10～15 天，即正常母鹅赖抱后，要过 20～25 天重新开始产下一窝蛋，人工醒抱后 10～15 天就开始产蛋。

（二）药物醒抱

药物醒抱有激素（包括激素抗体处理、神经递质类调控等）处理、化学物质调节生理状态、基因苗免疫等，有较好的醒抱效果，但技术要求高，掌控难度大，如一般都要求母鹅发现赖抱越早，并及时进行处理，其效果越好。此外，母鹅个体差异和体内激素水平等，对醒抱效果影响较大。

（三）物理醒抱

物理醒抱就是把在产蛋窝里不产蛋的母鹅抓出，单独关养醒抱。刚抓出的母鹅2~3天内禁食，但要保证饮水，以后适当饲喂青饲料或少量粗饲料。醒抱栏光线充足，晚上最好补充光照3~4小时。养殖规模不大、有条件的，在醒抱期间进行赶动，或驱赶到水中活动。每栏鹅的醒抱时间要基本统一，一般经7~10天处理后就能醒抱。醒抱后应适时加喂产蛋饲料，迅速恢复母鹅产蛋体重，并进入下一产蛋期。

六、孵化

（一）种蛋的处理与选择

1. 鹅蛋特点 鹅蛋的相对表面积较小、蛋壳厚、壳质坚硬，不易破碎，外壳膜也厚、气孔小，内壳膜坚韧，导致气孔封得很严，直接影响了气体交换、水分蒸发、热能传导和啄壳出雏。鹅蛋个体大，蛋中脂肪含量高。

2. 种蛋选择 孵化的种蛋要求大小均匀，规格符合品种要求，破（裂）壳蛋、畸形蛋、双黄蛋、钢皮蛋及沙壳蛋等不合格蛋都应剔除。蛋壳清洁，壳面上无粪便或其他污物污染。

3. 种蛋处理

（1）收集消毒 母鹅所产种蛋应先做消毒处理，一般饲养规模较小的可用带盖大塑料桶，下用一个三角架，三角架下放一只小瓷盆，小盆内放按塑料桶体积计算的福尔马林和高锰酸钾进行熏蒸消毒，剂量为每立方米福尔马林30毫升，高锰酸钾15克，熏蒸20分钟拿出贮存。

（2）贮存温度　贮存温度在 0～24℃，以 13～16℃最佳，相对湿度控制在 75%～85%；大型鹅种蛋较大，可存放在 10～15℃，相对湿度保持在 70%～75%。

（3）贮存时间　贮存较长的应进行翻蛋和通风，每天进行 2～4 次 90°的翻转。一般种蛋贮存时间不宜超出 7～10 天。种蛋的贮存环境应保持适宜的温湿度。种蛋长期贮存期间进行定期加温可减缓孵化率下降速度。据报道，种蛋贮存期间每隔 5 天在 37.8℃相对湿度 70%孵化器中加温 5 小时再贮存，贮存 17 天，其孵化率比贮存 3 天下降 2.92%，达到 80.54%。贮存 10 天的一种连续预加温方法：第 6 天 5 小时，第 7 天 5 小时，第 8 天 5 小时，第 9 天 5 小时，保持在 18～22℃的温度下，第 10 天到第 27 天孵化温度。通过预加热能够提高 5%的孵化率，这种方法可在大型种鹅场或孵化厂应用。

4. 入孵前消毒

（1）用 0.02%高锰酸钾在 40℃温度中洗涤，晾干后入孵。

（2）新洁尔灭按 0.1%比例喷雾消毒。

（二）自然孵化

1. 孵化前准备

（1）孵窝准备　孵蛋的孵窝宜用竹篾、藤条或稻草、麦秸等编织，窝底用干净柔软的垫草铺垫成锅底状，厚薄要均匀，上覆一块旧布。每个窝可以容纳种蛋 10～11 个为宜。孵窝为圆形，高 20～30 厘米，直径 45～60 厘米。孵窝、填料需要在太阳下曝晒消毒后使用。

（2）孵化室　孵化室结构牢固，地面高燥，要求不漏风不漏雨，防止老鼠等敌害侵入。室内必须保持阴暗、通风良好和安静。

（3）孵化母鹅的选择　孵化母鹅一般选择经产母鹅，要求其赖抱性强，母性好，有孵化习惯。如用当年新母鹅的，则先用假蛋 2～3 个试孵，证明能够安静孵化后，再将种蛋放入。一般在晚上将孵化母鹅放在孵窝内。观察母鹅赖抱动态，如发现有站立不安、互相打架或啄食鹅蛋等现象的母鹅，都是赖抱性不强、不愿孵化的母鹅，要及时剔出，更换母鹅孵化。

2. 编号 为便于管理，先将孵窝及对应孵化母鹅编号，便于通过观察孵化情况，挑选赖抱性好的母鹅进行下次孵化。选好种蛋，在蛋壳上写上入孵日期或批次符号。同日入孵种蛋应放在同一孵窝区域内以方便识别。孵化种蛋不能保存过久，否则会"褪雄"（指种蛋保存时间久后，引起受精率、孵化率下降）。

3. 放鹅 母鹅孵化是本能性的生理活动。繁殖后代的过程，会消耗大量养分。孵化时，需要离窝放鹅，排除体内粪便。为防体内养分的过多消耗，影响下一窝产蛋性能发挥，在开孵后 5～7 天，结合放鹅，进行适当补饲，一般隔天喂一次 80～120 克精料和清水，时间控制在 3～5 分钟，孵化后期可适当延长放鹅时间。放鹅期间，将补饲饲料和饮水一起放置运动场上，使每只母鹅都有采食位置，能在较短时间均匀采食。放鹅时，先逐窝提出母鹅，一起放至运动场任其采食，孵窝盖上薄棉絮或旧布片等覆盖物保温。母鹅采食完毕可赶入水塘，并撒给青绿饲料，任其采食、嬉水、沐浴，片刻驱上运动场休息、理毛。驱赶鹅群运动，加速羽毛水分蒸发，待体羽基本干爽时，驱入内铺有柔软垫草的竹围内，使鹅体清洁干燥，以便于捉鹅。最后将母鹅逐只提起检查羽毛是否干透，按顺序放回孵窝内。如遇雨天，则在舍内喂料、给水、休息、运动，免致鹅体沾水带泥，羽毛难干。母鹅离窝后，孵窝要及时清除粪便，保持清洁干燥。

4. 照蛋 在孵化第 7 和 15 日龄进行照蛋，剔除无精和死胚蛋后，及时进行并窝，补足母鹅孵化蛋数，提高孵化母鹅利用率。并窝后多余的孵化母鹅进行醒抱或重新放入新蛋孵化。

5. 翻蛋 母鹅孵化时会自行翻蛋，但由于孵化母鹅个体差异，有的翻蛋不够均匀而影响孵化率，需要人工辅助翻蛋。入孵 24 小时后，人工辅助翻蛋每天 1～2 次，翻蛋时将当中的三四个蛋（"心蛋"）放在四周，把周围的蛋（"边蛋"）移至当中，移动时将蛋翻个身，保证受热均匀。在翻蛋的同时整理孵窝内垫草，如发现粪便污染垫草立即更换，有裂壳蛋应立即捡出，未损破蛋壳膜的蛋用薄纸粘贴还可孵化。

6. 饲养管理 孵化室内应保持安静，避免任何骚扰。如发现有异响，立即检查，防止鼠兽危害或引起母鹅惊慌不安，影响正常孵化。如有母鹅在巢内站立微鸣，多是排粪前不安象征，应用双手分别提悬母鹅两翅尾部朝外，排粪之后放入巢内，以免粪便污染种蛋。母鹅孵蛋的过程中，不断地产生热能，体内消耗了不少养分，个别母鹅单靠隔日补饲，难以补偿体内养分的损失，以致体质逐渐瘦弱，健康状况下降，造成体力不支而不愿孵化，甚至死亡，出现这种情况应立即更换母鹅。

母鹅孵化结束之后，及时加料，加强饲养管理，尽快恢复体能，早日进入下一窝产蛋。对有一定规模的种鹅场，在产蛋季节里，母鹅产蛋有先有后，所以鹅群里经常有赖抱母鹅。为了防止母鹅孵完整个孵化期消耗过大，影响下一窝产蛋，可采用母鹅轮换孵化方法，根据母鹅体质强弱孵化 10～20 天，平均 15 天即离巢醒抱，另换其他赖抱母鹅接替孵化。

7. 出雏 对饲养规模较大的种鹅户采用自然孵化的，可在孵化第 27 天或孵至雏鹅"啄头"（即啄壳）时，用手指轻敲发出空洞声音时，就可不用母鹅孵化，移至出雏窝内或摊床集中自温孵化出雏，出雏窝用竹篾编成的两层套筐，根据蛋温与气温高低而盖上薄棉絮等覆盖物保温，以防受冻，每天照常翻蛋、检温，调节孵化温度。一般种蛋孵至 28 天"啄头"，30 天属"对日"出雏，29、30 天也有部分出雏。对"啄头"较久而未能出壳的，可进行人工助产。

孵化结束后，及时处理死胚，打扫、清除和消毒孵化室和孵窝。雏鹅出壳后绒毛基本干燥时移入育雏鹅篰中。

（三）人工孵化

1. 孵化准备 人工孵化目前一般在电孵箱中进行。孵化前应先检查孵化器运行是否正常，并保持孵化车间温度在 20℃ 左右，相对湿度 55%～60%，进行常规的通风排气和消毒。种蛋进箱孵化后，必须按规定调节控制温湿度、通风、照蛋、凉蛋、翻蛋、出雏等环节。

2. 孵化温度 入箱后种蛋先升温至 36～38℃，预热 6 小时。鹅蛋壳厚，孵化开始时，蛋温上升慢；鹅蛋黄脂肪含量高，孵化后期自温能力强，积温高，不易散发。因此，鹅蛋的孵化温度控制原则是前期高，中期平，后期略低于前期，一般分别是：1～7 天 38.5～39℃，8～19 天 37.5～38.5℃，20～27 天 37.5～38℃，28～32 天 36.5～37.5℃。大中型鹅孵化温度应比小型鹅略偏低。如浙东白鹅种蛋大，蛋重达 150～170 克，且蛋壳厚、蛋内脂肪含量高，在孵化中、后期如孵化温度过高则产生的大量热量无法及时散发而积蓄起来，影响胚胎正常发育，严重时导致胚胎死亡，使孵化率和健雏率下降。

3. 孵化湿度 孵化湿度是鹅孵化的关键，特别是保持孵化箱中湿度均匀，十分重要。孵化湿度原则是两头高，中间平，一般前 10 天的相对湿度在 65%～70%，中间 10 天 55%～60%，后 10 天为 70%～75%。鹅蛋较大的，前期湿度可略低，后期特别是出雏前，湿度要适当调高，还应在蛋表面直接喷雾。喷雾调节孵化温湿度的同时，保持蛋壳表面湿润，在二氧化碳的共同作用下，可使蛋壳变脆，利于鹅胚破壳。

4. 照蛋

（1）一照（头照） 在 7 天左右进行，剔除无精蛋、裂壳蛋、弱精和死胚蛋；此时如有 70% 以上胚胎达到发育标准，死胚较少，说明正常，死胚超过 5%，说明孵化温度偏高；如胚蛋发育正常，而弱精和死精蛋较多，死精蛋中散黄粘壳的多，则不是孵化问题，而是种蛋保存或运输问题。如胚胎发育正常，白蛋和死胚蛋较多，则可能是种鹅公、母比例不当，或饲料营养不全等原因造成的。

（2）二照 在 16 天左右进行，剔除死亡胚胎，以防臭蛋发生；此时如蛋的锐端（小头）尿囊血管有 70% 以上没合拢，而死胚蛋又不多，说明是孵化 7～15 天胚龄阶段孵化机内温度偏低；如尿囊 70% 以上合拢，死胚蛋增多，且少数未合拢胚胎尿囊血管末端有不同程度充血或破裂，则是孵化 7～15 天胚龄期间温度偏高；如胚胎发育参差不齐，差距较大，死胚正常或偏多，部分胚蛋出现尿囊血管末端充血，说明孵化器内温差大，或翻蛋次数少、角度不够，或停电造成；如胚胎发育快慢不一，血管又不充血，则可能是种蛋保存时间长，不新鲜所致。

（3）三照 此时如胚蛋 27 天就开始啄蛋壳，死胎蛋超过 7%，说明是孵化第 15 天后有较长时间温度偏高；如气室小、边缘整齐，又无黑影闪动现象，说明是孵化第 15 天后温度偏低，湿度偏大；如胚胎发育正常，死胚蛋超过 10% 则是多种原因造成的。

5. 翻蛋 翻蛋增加胚胎的运动量，利于胚胎生长发育，并防止久处于同一个静止位置，胚胎下沉，与蛋壳膜粘连而死亡。翻蛋一般每 2~3 小时 1 次，翻蛋角度大，效果好，以 140°~180° 为宜，出壳前 1 周停止翻蛋。

6. 通风、凉蛋 鹅胚胎生长发育过程中，代谢旺盛，需要大量新鲜空气满足其正常生长发育。因此，孵化中、后期要加强通风，防止氧气供应不足，甚至发生胚胎酸中毒。孵化中后期必须进行凉蛋，利于胚胎气体交换。孵化 7 天开始凉蛋，一般前期每天 2 次，后期 3~4 次，凉蛋时不能让蛋温降至 35℃ 以下（蛋面温度 25~26℃），凉蛋时间先短后长，根据季节、室温、胚龄，每次凉蛋时间控制在 20~30 分钟。凉蛋时应进行适当喷水，用温水喷雾在蛋壳表面至有小露珠为止。

7. 出雏 一般应每隔 4 小时拣雏一次，拣出雏鹅同时，应拿走出雏箱中的蛋壳，以防其他胚胎被套上无法出壳而闷死。出雏后期对有的胚胎应进行人工助产，提高出壳率。合格雏鹅要求个体重符合品种要求，外形正常，无歪喙、瞎眼、跛腿等残缺。绒毛粗长、干燥有光泽，绒毛细稀、潮湿粘连无光泽的不宜选用。昂首挺立，两眼有神，行动灵活，叫声明亮，手抓雏鹅，感觉挣扎有力，腹部有弹性。挣扎无力，蛋黄吸收不良，脐部有硬块（钉脐）或腹部软大（软脐）的雏鹅不宜选用。

（四）影响孵化率的因素

1. 种蛋因素 种蛋收集不及时而受到污染或破损；种蛋保存温度过高或受冻；种蛋贮存时间过长，蛋中水分蒸发过多，胚胎衰老，壳膜粘连；种蛋清洗消毒不合格，熏蒸消毒时间过长，种蛋表面保护膜被破坏；种蛋运输不佳，震动过大导致系带受损断裂、气室破裂。

2. 孵化条件

（1）孵化温度控制不当　尤其是孵化后期温度过高，出雏提前，时间拖长，有的壳内留有浓蛋白，是胚胎后期死亡的主要原因，如破壳时温度过高，会发生"血蟒"，即雏鹅出壳后口角流血。前期温度过高也会导致胚胎死亡。总体孵化温度过高，孵化时间缩短，雏鹅绒毛短疏，鹅体变小，出雏率下降。温度过低，胚胎发育不良，体质衰弱，后期啄头出壳无力。

（2）孵化湿度影响　鹅是水禽，对湿度要求较鸡高，特别是后期湿度不足会使气室缩小，引起雏鹅与胎膜粘连，出壳的雏鹅绒毛短少，健雏率下降。温度过高而湿度不足，出壳提前，雏鹅毛色老，粘毛带壳，钉脐带线。孵化后期高温加高湿，会使胚胎啄头无力，闷死在蛋壳内，或出壳后绒毛粘连，有的雏鹅出壳后死亡；低温高湿则出雏身体软弱，站立不稳。

（3）通风不良　鹅蛋个体大，胚胎发育过程中耗氧量大，特别是在孵化中期，如通风不良会引起二氧化碳积蓄过多引起中毒或畸形、胎位不正，有的鹅胚小头破壳（放置时小头向上也会发生），降低出雏率。

（4）翻蛋未定时到位　使胚胎受热不均匀，造成尿囊膜未能按时合拢，中后期易发生胚胎粘连。

（5）凉蛋不足　鹅蛋脂肪含量高，后期结合喷水进行凉蛋可提高孵化率；上摊出雏的，还应注意边蛋和心蛋的调换，防止心蛋超温、边蛋过冷。

3. 消毒种蛋　消毒不彻底，特别是污蛋，会显著影响孵化率，中后期胚胎死亡增加，发生臭蛋增加。除了种蛋消毒，孵化室、孵化器消毒情况对孵化率影响也很大。孵化室、孵化器必须保持清洁，在进蛋前后都要消毒。正常的消毒程序还可降低疫病传播风险。

4. 其他因素

（1）品种　种鹅品种不同，其种蛋孵化率有一定差异，一般中小型鹅种的孵化率高于大中型鹅种。

（2）饲养管理 种鹅的饲养管理、健康状况和营养水平影响种蛋质量。种鹅饲料营养不平衡，造成种蛋营养缺乏，如维生素 A、维生素 B_2 缺乏，前期胚胎死亡增加；维生素 B_{12} 缺乏，后期胚胎死亡增加；维生素 D_3 缺乏，胚胎会出现水肿。鹅舍的温度、通风、垫草状况等均与孵化率有关。垫料潮湿、种蛋不及时收集等，导致种蛋较脏，间接地影响孵化率。

（3）种鹅年龄、种蛋受精率 与孵化率关系密切，产蛋高峰后孵化率随母鹅产蛋日龄的增加而降低。青年鹅产的蛋比老年鹅产的蛋孵化率高。据浙东白鹅孵化试验，受精率达到 90％，受精蛋孵化率为 88％，而受精率 77％时，同期受精蛋孵化率仅 79％，差异十分显著。

（4）孵化环境与管理 照蛋管理、孵化室环境等均会影响孵化率。

(五) 性别鉴定

雏鹅性别的鉴定对现代化养鹅十分重要，商品化规模化生产过程中，通过性别鉴定后，公母雏分开饲养，便于饲养管理新技术的应用和饲养过程中鹅群生长发育的一致；在种鹅培育和育种工作中，性别鉴定更是重要。目前，有的商品化配套系可以根据雏鹅羽毛颜色进行性别鉴定，一般鹅的性别鉴定因品种不同有所差异，但基本相近，可通过外形、动作、羽色、肛门来鉴别。

1. 外形 公雏体格较大，身长，颈长，头大，喙长而阔，眼圆，翼角无绒毛，腹部稍平贴，站立姿势比较直。母雏体格较小，身体短圆，颈短，头小，喙短而窄，眼较长圆，翼角有绒毛，腹部稍下垂，站立的姿势有点倾斜。

2. 动作 如在成年母鹅或育成鹅前追赶雏鹅，公雏低头伸颈发出惊恐鸣声，鸣声高、尖而清晰。母雏高昂着头，不断发出叫声，鸣声低、粗而沉。

3. 羽色 对非白羽鹅，一般公雏的绒色比母雏稍淡。

4. 肛门 肛门鉴别法是性别鉴定的主要手段，其方法是先把雏鹅提住，让它仰卧，然后用拇指和食指把肛门轻轻拨开，再向外稍加压力，翻出内部，有螺旋状而不大的阴茎突起的为公雏，只有三角瓣形皱褶的为母雏。用捏肛法，手指按摩肛门部位，感觉有小粒状突起者为公雏。

> ➡ 小知识——胚胎发育
>
> 　　鹅是卵生禽类，受精蛋产出体外后，还须通过孵化才能繁殖后代。所以，胚胎发育主要在体外进行，胚胎发育可划分为两个阶段，即在母体内蛋形成过程中的胚胎发育和孵化过程中的胚胎发育。卵子自卵巢上成熟后排出，进入输卵管的漏斗部与精子相遇受精，成为受精卵，在蛋形成过程中开始发育，当受精卵到达峡部时发生卵裂，进入子宫部4～5小时后已达256个细胞期，至蛋产出体外止，胚胎发育已进入到囊胚期或原肠早期，这段时间约有24小时。受精卵经过细胞分裂到原肠期形成外胚层和内胚层。它的外形在蛋黄上可以看出像一个小圆形盘状体称为胚盘。当蛋产出体外时，外界气温低，胚胎暂时停止发育。鹅受精蛋在适宜的孵化条件下，胚胎继续发育。

？ 案　例 >>>

朗德鹅常年繁殖光照程序

　　根据法国朗德鹅繁殖的常用光照模式，一般可以进行常年产蛋繁殖。朗德鹅种鹅第8周开始限制饲喂，19周后应控制光照，先是逐渐增加光照时间，至32周龄左右达到最高，维持2～3周后开始减少，并同时增加饲料喂量，视鹅群情况，在37～38周龄时达到产蛋饲料量。产蛋10～13周后，光照时间停止减少，并维持在9小时左右，至产蛋结束。下个产蛋期应先进行长光照处理，促使种鹅统一换羽，再行下一产蛋期光照程序（图1-1）。

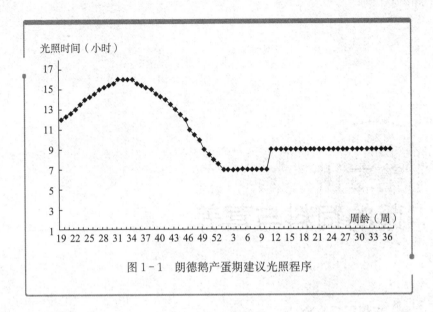

图 1-1 朗德鹅产蛋期建议光照程序

思考练习

1. 浙东白鹅有什么品种性能特色？
2. 从品种性能角度分析引进朗德鹅的生产实用价值。
3. 简述我国大型鹅种狮头鹅的品种特性与生产性能。
4. 简述错季繁殖技术。
5. 针对鹅繁殖率偏低的情况，应该应用并做好哪些繁育技术？

第二讲 CHAPTER 2
鹅的饲料与营养

本讲目标 >>>

掌握养鹅常用饲料种类及特性，了解鹅对饲料营养需要的基础，利用鹅属草食水禽的优势，广泛利用优质廉价的非常规饲料资源，并因地制宜进行青绿饲料生产和加工调制，降低饲料成本，提高经济效益。

知识要点 >>>

本讲介绍鹅的常用饲料种类及特性，鹅的营养需要基础和饲料配方，在实际应用中可借鉴的饲料配方以及青绿饲料生产和加工调制技术。

专题一 饲料

饲料是鹅获得营养进行生产和生命活动维持的基础，也是养鹅生产的主要成本组成部分。对鹅来说，饲料种类很多。鹅是以采食青绿饲料为主的草食家禽，能广泛利用农作物生产中的废弃物（菜梗、边叶，秸秆等）、加工副产品（糠、糟、渣、饼、粕等）等优质廉价的非常规饲料资源及牧草，养鹅在农牧生态循环中有重要意义。养鹅的饲料根据饲料营养特性可以分为能量饲料、蛋白质饲料、青绿饲料、粗饲料、矿物质饲料和饲料添加剂等。根据饲料性状可分为籽实类、糠麸糟渣类、蛋白类、青绿多汁类和其他添加剂类。

一、籽实类

籽实类饲料也称能量饲料，是鹅主要精饲料组成部分，营养中的能量来源，一般具有适口性好、能量含量高，相对蛋白质饲料价格低廉。

(一) 玉米

玉米具有适口性好、消化率高、粗纤维少、能量高的特点。玉米是主要能量饲料，代谢能达到 13.39 兆焦/千克，粗蛋白含量 8%左右，粗纤维含量 2%。玉米的品种、产地、含水量、储存时间及加工状态不同，营养成分差异较大。一般用在雏鹅培育、肉鹅育肥和种鹅产蛋饲料上，此外，在肥肝生产中具有重要作用。玉米用量可占鹅日粮比例的 30%～65%。玉米可分黄玉米和白玉米，其能量价值相似，但黄玉米含有较多的胡萝卜素和叶黄素，对皮肤、跖蹼、蛋黄的着色效果好。玉米的缺点是蛋白质含量不高，在蛋白质中赖氨酸、色氨酸等必需氨基酸比例少。现在选育的高赖氨酸玉米，其营养价值比普通玉米要高。

(二) 麦类

以大、小麦为主的麦类也是鹅的主要能量饲料，适口性好，能量高，大、小麦代谢能分别为 11.30 兆焦/千克和 12.72 兆焦/千克，钙、磷含量较高。

1. 大麦 粗纤维含量 4.8%，粗蛋白含量 11%～13%，B 族维生素含量丰富。大麦外壳虽然粗硬，但一定比例不影响鹅的消化。大麦用量可占鹅日粮比例的 10%～30%。

2. 小麦 粗纤维含量 2.4%，粗蛋白含量可达 13.9%，其氨基酸配比优于玉米和大麦，但小麦粉加湿后产生黏性，喂鹅比例不宜过高，过高易引起粘嘴，降低适口性，且维生素 A、维生素 D 含量少。小麦用量可占鹅日粮比例的 10%～30%。

3. 其他麦类 北方地区的荞麦、燕麦、黑麦、小黑麦、青稞等麦类也是喂鹅的好能量饲料，具有与大、小麦相似的营养价值。目前推广的小黑麦种植对养鹅有很大意义，小黑麦具有耐刈性，可以多次刈割作鹅的青绿饲料，此后还能生产籽粒喂鹅。

（三）稻谷

稻谷喂鹅适口性很好，是南方地区养鹅的主要谷实类能量饲料，其代谢能为 11.00 兆焦/千克，粗纤维 8.20%，粗蛋白 7.80%，营养价值低于玉米和麦类，但鹅的消化率相对鸡等明显要高。稻谷去壳后的糙米营养价值提高，代谢能达到 14.06 兆焦/千克，粗蛋白为 8.80%，碎米分别达到 14.23 兆焦/千克和 10.40%。稻谷用量可占鹅日粮比例的 10%～50%。

（四）高粱

高粱是北方地区部分农村养鹅常用能量饲料，其代谢能为 12.00～13.70 兆焦/千克，粗纤维 2.5%，粗蛋白 9%。与玉米相比，因高粱含有较多单宁，味苦涩，适口性差（高温、碱及氨处理可以降低单宁含量），维生素 A、维生素 D 和钙含量偏低，蛋白质和矿物质利用率较低，日粮中比例不宜超过 15%。低单宁高粱可适当提高其用量。

（五）薯干

薯干是由甘薯制丝晒干形成，虽不是谷实类饲料，但它是南方地区喂鹅的常用能量饲料，其适口性好，代谢能 9.79 兆焦/千克，其营养物质可消化性强，缺点是蛋白质含量低，仅 4% 左右，日粮中添加比例应在 20% 以下。

二、糠麸糟渣类

（一）米糠

米糠是糙米加工精白米的副产品，油脂含量高达 15% 以上，代谢能 11.21 兆焦/千克，其蛋白质为 12％左右，粗纤维 9％，B 族维生素和磷含量丰富。但米糠适口性相对较差，日粮比例不宜过高。米糠植酸含量高，影响其消化率。米糠所含脂肪以不饱和脂肪酸为主，久贮或天热易氧化酸败变质。米糠脱脂后的糠饼则可相对延长保藏时间和增加日粮中比例。米糠用量可占鹅日粮比例的 5％～20％。

（二）麸皮

麸皮是小麦粉加工副产品，粗蛋白含量为 15.70％，代谢能 6.82 兆焦/千克，适口性好，B 族维生素和磷、镁含量丰富，但粗纤维含量高，容积大，具有轻泻作用，其日粮用量不宜超过 15％。此外，面粉加工中在麸皮下级的副产品次粉，也称四号粉，其纤维含量低，价值营养高，代谢能达到 12.80 兆焦/千克，但用量过大产生粘嘴现象，影响适口性，其日粮中所占比例可在 10％～20％。

（三）其他糠麸类

鹅是草食类水禽，能比单胃动物更好地利用纤维素，因此，耐粗性强，一些粗纤维含量高的糠麸饲料均可作鹅的部分饲料。

1. 高粱糠　能量较高，但适口性差、蛋白质消化利用率低，一般用量在 5％以下。

2. 统糠　可分三七糠和二八糠（由加工机械的出米率不同区分），由米糠和谷壳组成，是农村大米加工的常用副产品，其粗纤维含量高，一般可作饲料的扩容、充填剂，其日粮比例在 5％左右。谷壳（砻糠）也可作鹅饲料，但比例不能过高，否则会影响其他饲料中营养成分的消化吸收。瘪谷（糠）是鹅育成中期、种鹅非繁殖期的好饲料，日粮中可添加 5％～15％。

3. 麦芽根（糠）　是啤酒大麦加工副产品，蛋白质含量高，含有丰富的 B 族维生素，但麦芽根杂质多，适口性较差，添加量宜控制在 5％以下。

4. 油菜籽壳（糠）、玉米皮（糠）等　这些粗饲料鹅也能利用，在母鹅夏季休蛋期、肉鹅放牧期适当使用，可节约饲料成本。

5. 秸秆 利用额能够消化利用部分纤维的特点，作物秸秆经处理可以喂鹅。可利用的秸秆资源主要有玉米秆、稻草、麦秸、豆秆、花生藤、油菜秆等。作为鹅饲料的秸秆要求收获及时，保持嫩绿并经粉碎、青贮或其他物理化学方式处理后，可以喂鹅。

（四）糟渣类

糟渣类饲料来源广、种类多、价格低廉，如糖渣、黄（白）酒糟、啤酒糟、葡萄酒糟、甜菜渣、味精渣、玉米酒糟、豆腐渣以及生产淀粉后的薯类、豆类、玉米渣等，含有丰富的矿物质和 B 族维生素，多数适口性良好，均是养鹅的价廉物美的饲料，其添加量有的甚至可达 40%。但是这类饲料含水量高，易腐败发霉变质，饲喂时必须保证其新鲜，同时，在育肥后期和产蛋期应减少喂量。

三、蛋白类

蛋白类饲料的粗蛋白含量一般在 20%以上，且粗纤维含量在 18%以下，根据来源可分为植物性和动物性蛋白质饲料。

（一）植物性蛋白质饲料

1. 豆类 包括大豆、豌豆、蚕豆、黑豆、红豆、绿豆、豇豆等，以大豆的粗蛋白含量最高，为 32%～40%，脂肪含量达 16.5%～18.5%，经膨化处理可破坏多种抗营养因子，提高消化率。豌、蚕豆粗蛋白含量在 17%～18%，日粮添加比例以 10%～20%为宜。其他豆类在鹅日粮中不常用。

2. 大豆饼、粕 代谢能 10～10.54 兆焦/千克，粗纤维含量 5%～6%，粗蛋白含量在 35%～50%，是目前常用的鹅蛋白质饲料，其适口性好，蛋白质中氨基酸平衡较好，赖氨酸含量高，蛋白质消化吸收率高，日粮添加比例可达 10%～30%。但浸提型豆饼内含胰蛋白酶抑制因子、血凝素、皂角素等抗营养因子，用量过大影响消化，使用前可进行高温等无害处理。

3. 棉（菜）籽饼、粕 代谢能 7～10 兆焦/千克，粗蛋白含量在 34%～40%，菜籽饼、粕中的蛋氨酸含量较高。这类饼、粕是鹅的常用蛋白饲料，但在使用时必须注意用量。因为在棉籽饼、粕中存在游离棉酚，长期或多量使用会影响鹅的细胞、血液和繁殖机能，一般雏鹅和种鹅的用量在 3%～8%，其他鹅不能超过 15%，饲喂前进行浸水等办法脱去部分毒素则效果更好。在菜籽饼、粕中存在含硫葡萄糖苷和芥子酸、芥子酶，前者分解产物异硫氰酸盐、噁唑烷硫酮等物质对鹅有毒害作用，影响生长和采食量，添加 0.5%硫酸亚铁或加热有脱毒作用，菜籽饼、粕一般用量在 5%以下为好。低芥子酸油菜副产品则可提高喂量。

4. 其他植物性蛋白类 花生饼、粕的粗蛋白在 44%～48%，蛋白质中精氨酸含量较高。脱壳向日葵饼、粕的粗蛋白含量在 30%～45%（不脱壳的粗蛋白含量低，粗纤维含量高）。芝麻饼、粕的粗蛋白在 40%～46%。亚麻仁饼、粕粗蛋白在 30%以上。玉米胚芽粉（玉米蛋白粉）粗蛋白在 40%～60%，但其蛋白质可消化率和氨基酸平衡相对较差。叶蛋白是从青绿饲料和树叶中提取的蛋白质，其粗蛋白在 25%～50%，是鹅的良好蛋白质饲料。此外还有芝麻饼、啤酒酵母、味精废水发酵浓缩蛋白等植物性和菌体性蛋白均可作鹅的蛋白质饲料。

（二）动物性蛋白质饲料

动物性蛋白质饲料的蛋白质含量高，必需氨基酸比例合理，还含有丰富的微量元素和一些维生素，在鹅的日粮中所用比例虽然不多，但使用动物性蛋白质饲料对雏鹅生长发育、种鹅繁殖性能提高有重要作用，其日粮中添加量一般控制在 1%～7%。常用的动物性蛋白质饲料为鱼粉（粗蛋白含量在 45%～60%），还有蚕蛹、蚯蚓、乳清粉、蛋粉、羽毛粉等。在应用时，除鱼粉外，其他动物性饲料添加应慎重，特别是蚕蛹等在育肥后期不宜添加，羽毛粉等蛋白消化利用率低，适口性差。使用时应注意防止蛋白饲料的腐败变质和动物源性饲料污染。

（三）单细胞蛋白质饲料

是由单细胞生物发酵生产的蛋白质饲料。一般粗蛋白含量在

50％以上（风干），富含多种酶系和 B 族维生素，作为鹅饲料，可以完善日粮营养成分，提高饲料利用效率。单细胞蛋白质饲料包括饲料酵母、单细胞藻类（绿藻、小球藻、蓝藻、螺旋藻类等）、浒苔及其他真菌类、放线菌等菌体蛋白。

四、青绿多汁类

鹅是以采食青草为主的草食家禽，青绿多汁类饲料是养鹅的主要饲料。这类饲料含水量高，其来源广、种类多、适口性好、易于消化，成本低廉，利用时间长。尤其是南方，如在种植上做到合理搭配，科学轮作，能保证四季常年供应。草原的天然牧草也是养鹅的青绿饲料来源。

青绿饲料主要包括天然牧草、栽培牧草、蔬菜加工副产品、作物茎叶、水生饲料、青绿树叶、瓜果类、块茎根类、野生青绿饲料等。其含水量一般在 75％～90％，代谢能 1.25～2.93 兆焦/千克。这类饲料对鹅的适口性佳，消化率高，蛋白质品质好，生物学价值高，维生素等其他营养物质全面。一般青绿饲料在鹅的日粮中与精饲料的比例：雏鹅为（1～1.5）∶1，中鹅（1.5～2）∶1，成年鹅（2～5）∶1。但青绿饲料不同种类均有一定营养局限性，在饲喂时能做到合理搭配和正确使用，可避免个别营养成分缺乏。如禾本科和豆科青绿饲料的搭配；水生和瓜果蔬菜类饲料含水量过高，总营养成分少，应适当增加精饲料比例；少数青绿饲料中含有对鹅体有影响的成分，应注意饲喂量或作适当的处理；也有的种类适口性差，需要加工调制后饲喂。

五、添加剂

(一) 矿物质添加剂

鹅的生长发育和机体新陈代谢需要钙、磷、钾、钠、硫、铜、硒、碘等多种矿物元素。在常规饲料中的含量还不能满足鹅的需要，因此，要在日粮中添加少量矿物质饲料。

1. 钙、磷添加剂 常用的有磷酸氢钙、贝壳粉、石粉、骨粉、蛋壳粉等，用于补充饲料中钙、磷的不足。

2. 食盐 食盐即氯化钠，用以补充饲料中的氯和钠，使用时含量不宜超过 0.5%，饲料中若有鱼粉，应将鱼粉中的盐计算在内，过量可引起鹅食盐中毒。

3. 砂砾 砂砾不起营养补充作用，鹅采食砂砾是为了增强肌胃对食物的碾磨消化能力，舍养长期不添加砂砾会严重影响鹅的消化机能。添加量一般在 0.5%～1%，或自由采食，砂砾颗粒以绿豆大小为宜。

4. 石粉 沸石粉、膨润土等矿石粉具有很强的吸附性，鹅饲料少量添加，可以改善肠道条件，有利于消化道健康和饲料消化吸收能力提高。

5. 微量元素添加剂 根据鹅日粮对其他不同微量矿物元素的需求，有针对性地添加微量元素添加剂，以达到日粮营养成分满足鹅的需要的目的。这类添加剂种类很多，如硫酸铜、硫酸亚铁、亚硒酸钠、碘化钾和有机性螯合类矿物元素添加剂。

（二）维生素添加剂

鹅的多数维生素能从青绿饲料中获得；但在实际生产中和不同生长条件下，饲料的单一化或青绿饲料供应不足可引起某些维生素的缺乏或需求量增加，应由维生素添加剂补充。维生素添加剂种类很多，并分脂溶性和水溶性两大类，可根据具体要求选择使用，也可选择不同用途的复合维生素。

（三）氨基酸添加剂

有些必需氨基酸在日粮中不能满足，可用氨基酸添加剂补充，最常见的氨基酸添加剂有赖氨酸、蛋氨酸、胱氨酸等。一般繁殖期种公鹅、雏鹅对赖氨酸需求量较大，补充赖氨酸添加剂，能提高繁殖力和生长速度。产蛋期种鹅添加蛋氨酸能提高种蛋品质。添加胱氨酸可促进鹅羽毛生长，防止啄羽发生。另外，多肽类饲料对于日粮蛋白质营养平衡、提高饲料利用率、促进机体健康具有较大意义。

（四）其他非营养性添加剂

这类添加剂不是鹅必需的营养物质，但在日粮中添加可产生各种良好效果。在实际生产中可根据不同要求进行选择使用，但在应用非营养性添加剂时应注意对环境和鹅产品质量有否影响，添加物不能有毒、残留，符合国家有关法律、法规和畜产品安全生产标准要求。

1. 保健促生长剂　中草药制剂、植物精油等有预防疾病、保证健康和促进生长作用。使用时要做到因地制宜，有的放矢，适当控制用量，特别是在育肥后期或产商品蛋的母鹅中应禁用抗生素和慎用人工合成化合物，确保产品无公害。中草药添加剂在养鹅生产中值得开发应用。

2. 食欲增进剂、酶制剂　香料、调味剂等食欲增进剂在鹅饲料中应用不多。但各种酶类添加剂可促进营养物质的消化，提高饲料的转化效率。

3. 微生态制剂　枯草芽孢杆菌、光合菌、乳酸菌、酵母等活菌制剂对改善饲料品质和鹅肠道环境具有重要作用，添加 EM 复合微生态制剂（益生素）等可以提高饲料消化力。

4. 饲料品质改善添加剂　抗氧化剂能防止饲料氧化变质，保护必需脂肪酸、维生素等不被破坏。防霉剂能防止饲料发霉而影响饲料品质、引起霉菌中毒。还有其他种类不同的添加剂可在实际生产中按需采用。

→ 小知识——饲料更换方法

鹅不同饲养阶段所用饲料的营养水平不同，需要进行更换。饲料更换是一个应激因素，突然进行全部更换，因不同饲料适口性和营养成分有异，引起采食量减少，还会造成消化道功能紊乱，导致消化吸收能力下降，影响鹅的营养及生产性能，严重的会致鹅群抵抗力下降而引发疾病。因此，饲料更换要有一个过渡阶段，以使鹅有适应过程，一般这个阶段需要 5～7 天，把原饲料慢慢换成新的饲料。一般先加入新饲料 20%，此后，每天继续增加 15%～20%，及至全部更换。

案 例 >>>

一种以玉米为原料生产的小肽蛋白

以玉米籽实为底物，经过浸泡、酸化、浓缩、均质、喷雾干燥、半成品物理冷却处理、粉体包衣等工艺制成的蛋白质小肽饲料，含粗蛋白45%，小肽（分子质量在1ku）占35.27%，氨基酸总量40.27%，其中赖氨酸2.38%，蛋氨酸0.86%。含L-乳酸30%，乳糖2.1%，还原糖（单糖）5.6%。可消化磷2.5%，可溶性矿物质盐类12%。维生素含量丰富，其中叶黄素120～250毫克/千克，硫胺素（维生素B_1）19～41毫克/千克，生物素0.74～0.88毫克/千克，叶酸0.26～0.6毫克/千克，核黄素（维生素B_2）3.9～4.7毫克/千克，泛酸钙14.5～21.5毫克/千克。小肽蛋白利于消化吸收，在鹅日粮中添加0.3%～0.5%，以改善日粮蛋白质品质，提高饲料养分的整体可消化率。

专题二 青绿饲料生产

青绿饲料是我国养鹅的主要饲料，做好青绿饲料生产与供应，是降低养鹅成本、确保产品质量的基础，在发展生态高效养鹅业中，具有重要意义。浙东地区养鹅有"边吃边拉，六十天好卖"的说法，就是指鹅要求不停地采食青绿饲料，才能保证其快速生长。尤其是在规模养鹅情况下合理安排青绿饲料种植和生产加工计划，是养好鹅的关键。而青绿饲料种植的主体是良种牧草，有条件的还可利用当地的草地、野草、树叶和瓜果蔬菜下脚料等，鲜食玉米、大豆、豌豆、青豆等采摘后的秸秆也能作鹅的青绿饲料。随着规模养鹅的发展，需要开辟更广的青绿饲料资源，很多作物可以成为鹅的饲料资源，如水稻、大小麦、蚕豆、豌豆、大豆等青刈，萝卜、菊苣、甘蓝全株利用，饲用甜菜、饲用油菜、饲用苎麻等。青绿饲料常年供应计划安排如下。

一、青绿饲料的轮供

青绿饲料的轮供就是通过人工栽培牧草或饲料作物，达到全年均衡供应青绿饲料的一种栽培技术。由于各地气候不同，牧草种类及栽培时间不同，往往其收获期存在淡旺季。青绿饲料供应的不均衡造成旺季浪费、淡季缺乏的状况，给养鹅生产带来不利。实行青绿饲料的常年均衡轮供，能满足鹅对青绿饲料的连续需求，对高效养鹅具有重要意义。

1. 天然轮供 充分利用天然草场、自然青草资源及种植业下脚料资源达到连续供应目的，但它受牧草生长季节和品种单调性等自然条件制约，难以实现青绿饲料完全的轮供。

2. 栽培轮供 在专门的饲料地上，选用不同的栽培品种，采用间、混、套、复种等方式，根据饲养目标，有计划地组织生产青绿饲料，全年均衡地为养鹅提供青绿饲料。这种方法能利用较小的面积进行集约化经营，获得高产优质的青绿饲料并均衡地供应，它的技术性强，投入相对较大，适合于大规模养鹅生产和耕地紧缺地区应用。

3. 综合轮供 在天然轮供的基础上，有选择性地安排适宜的栽培品种和面积，以克服自然条件和耕作制度的限制，达到以丰补歉、调制余缺，保证均衡供应的目的。

二、青绿饲料轮供技术

（1）根据物候期，选择适栽的优良牧草品种根据当地的气候、土壤情况和栽培条件，紧密结合栽培牧草品种的生物学特性，科学分析其播种期、刈割期、利用期、产草量和草质，筛选出适应性强、多次刈割、供青期长、高产优质的品种进行合理搭配种植。

（2）改革耕作制度，进行合理轮作在现有自然条件下采用间、套、混、轮作等耕作方法，提高土地复种指数，实现牧草的常年轮供。不断总结耕作制度改革结果，制订和修改常年青绿饲料供应的轮作方案，并按科学的轮作模式指导当地的青绿饲料生产。

（3）采用适宜的饲草加工调制技术，调节饲草供应淡旺季。不管何种经济合理的轮作栽培模式，都不同程度存在青绿饲料供应丰歉问题，这就需要采用适合鹅饲养需要的饲草加工调制技术来调剂淡旺季，通过把旺季多余饲草经加工调制，留作淡季供应。目前应用较多的是青绿饲料的青贮技术，通过青贮，不但可以延长青绿饲料的保存期，达到常年均衡供应的目的，还能减少青绿饲料的养分损失，改善适口性，提高消化率。此外，青绿饲料通过干燥加工成草粉或草颗粒，或直接从青绿饲料中提取叶蛋白等生产加工调制产品，均能被鹅很好地利用。

三、亚热带地区常年鲜草供应轮作模式

1. 轮作模式图 图 2-1 是根据牧草的具体种植实践总结的亚热带地区常年鲜草供应轮作模式图，适合于亚热带地区应用。其他地区可根据当地种草实践参照图 2-1，制订切实可行的栽培模式，能提高青绿饲料的利用率。

2. 模式栽培说明

（1）栽培牧草品种与规模模式图 根据 100 亩播种牧草试算，确定的主播禾本科牧草春播品种为墨西哥玉米或饲用高粱，秋播品种为一年生黑麦草和多倍体黑麦草，豆科品种为紫花苜蓿。一般每 100 只种鹅需草 5~8 亩，100 只肉鹅 1 亩。根据鹅对牧草的需要和生产规模确定牧草的播种面积和辅助牧草品种的搭配。一般可搭配杂交苏丹草、皇竹草、苦荬菜、菊苣、籽粒苋和三叶草等，搭配比例为主播牧草的 15% 左右。

（2）播种与收割模式图的设计 鲜草产量每 100 亩为 1 368 吨，其中豆科 160 吨，禾本科 1208 吨。深色带代表可播种期，播期内数字表示在此播期中建议播种亩数。浅色带代表可收割期，收割期内数字表示按播种期播下后在此时期中预期鲜草刈割产量（吨），其适宜刈割期一般春播牧草草高 80~100 厘米，秋播牧草草高 40~80 厘米，豆科牧草在营养期或初花期。模式图的播种和刈割期因在个别年份气候突变，应因地制宜地作适当的调整。

月份	1			2			3			4			5			6			7			8			9			10			11			12		
	上	中	下	上	中	下	上	中	下	上	中	下	上	中	下	上	中	下	上	中	下	上	中	下	上	中	下	上	中	下	上	中	下			
	旬	旬	旬	旬	旬	旬	旬	旬	旬	旬	旬	旬	旬	旬	旬	旬	旬	旬	旬	旬	旬	旬	旬	旬	旬	旬	旬	旬	旬	旬	旬	旬	旬			

播种　黑麦草

墨西哥玉米　　20 10 10 10　20

紫花苜蓿　　10 30 10　10 10　10 10　10

收获　黑麦草　14 14 14 16 24 40 64 80 70 60 40 16 14 7

墨西哥玉米　　7 16 25 36 36 64 72 72 80 74 32 18 15 15　4 16 20 35 35 28 21

紫花苜蓿　2　4 6 6 8 8 8 6 6 4 2　7　8 8 8 6 4 2　4 4 8 8 8 8 10 10 10 8 6 6 6 4

鲜草产量 90 80 70 60 50 40 30 20 10 0

图2-1　亚热带地区常年鲜草供应轮作模式

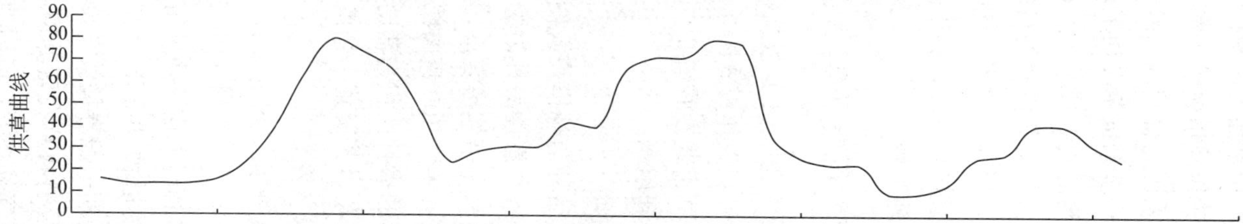

注：1. 本图以100亩牧草播种面积试算，计量单位面积为亩，产量为吨。亩为非法定计量单位，1亩=1/15公顷。

2. 深色带表示可播种期，浅色带表示可刈割期。本模式适用于亚热带地区。

3. 本图所列黑麦草、墨西哥玉米（或饲用高粱）、紫花苜蓿为主播牧草品种，设计年总产量为1 368吨，其中豆科160吨。实际应用时可根据饲养禽类搭配杂交狼尾草、杂交苏丹草、皇竹草、籽粒苋、苦荬菜、三叶草等牧草，比例为主播品种的15%为宜。

4. 按不同时期产草量调整养鹅生产计划。

（3）供草曲线模式　图中供草曲线说明全年鲜草均衡供应的实际情况，并在图中可看出3～4月、7～8月两个产草高峰，因此在应用模式图时，应按产草曲线调整养鹅计划，产草高峰期也应是牧草利用高峰期。实际生产中如确实因高峰期牧草过剩，且数量较大时，在3～5月可调制青贮料，7～9月可制作干草利用。供草曲线随播种期和某播种期的播种面积变动、辅助牧草品种及搭配比例变化而变动，气候突变和牧草刈割期变化对曲线也有影响。

《常年鲜草供应轮作模式图》供种草养鹅实际生产参考，并应在生产实践中不断调整、完善、提高。建议应用模式图时，种子生产（留种）应另作安排，否则延误下茬牧草的适宜播期。应根据不同种类鹅的利用需要，对适时刈割的牧草进行适当的切短、粉碎等加工处理，并配合其他干饲料合理饲喂，提高牧草的利用效率。

四、青绿饲料加工调制

通过常年均衡供应技术应用后，对淡旺季确实难以调剂的，旺季过剩牧草可进行加工，一般夏秋多余牧草可自然晒干制成干草后粉碎作草粉喂鹅，春季过剩牧草因雨水多难制干草，则可作青贮处理，大规模有条件的可进行机械烘干和制成草颗粒。青贮料调制就是将刈割的青绿饲料作适当处理（如切短），水分过高的掺入麸皮、糠等干饲料，放在青贮池内压实让乳酸菌发酵，形成厌氧酸性环境，达到青贮饲料的长期保存的目的。保存的青贮料可在青绿饲料淡季时代替部分青绿饲料，掺入干饲料或精饲料中饲喂。

根据青绿饲料种类不同，鹅的日龄不同，一般需进行加工后才能喂鹅。对草较长的，叶片过阔的，或茎过硬的青绿饲料，要用青饲料切碎机切碎，不要打浆，打浆单喂影响鹅适口性。青绿饲料要注意营养和各种饲料的合理搭配。

> ◯ **小知识——鹅草地耦合模式**
>
> 　　在鹅的青绿饲料生产中，充分利用鹅场的牧草地，生产更多更好的青绿饲料，并保持牧草地生产力的方式，就是鹅、草、地耦合模式。应用系统耦合理论，通过种草和牧草利用技术研究、土地地力培植、生产成本与收益分析，建立鹅、草、地耦合模式，有计划地进行牧草栽培及利用、草地放牧、收割，在保持草地生态平衡的前提下，最大限度获得种草养鹅效益，具有重要意义。

? 案 例 >>>

小黑麦与黑麦草合播

　　小黑麦是一种新颖的粮草兼用型作物品种，具有抗逆性、适应性强的特点，能适应江南地区气候和土壤等条件。黑麦草草质好、适应性强、产量高，是南方秋冬季的主播牧草。小黑麦与黑麦草合播，可以形成品种间互作，小黑麦抗寒性强，在南方冬季也能够较快生长，并有保护和促进黑麦草生长作用，黑麦草则3月后快速生长，进而提高牧草产量和利用期。播种方法可以采用条播间播、混播，播种量小黑麦每亩7 000克、黑麦草1 000克，播种气温以16～27℃为宜。播后1个月第1次刈割，草高为30厘米，刈割旺季为60～70厘米，一般可刈割5～7次，亩鲜草产量6 000～8 000千克。

专题三　营养需要

　　鹅生长发育过程中，需要从饲料中摄取多种养分。鹅的品种不同、生长发育阶段不同，需要养分的种类、数量、比例也不同。只有在养分齐全、数量适当和比例适宜时，饲料利用效率最高，鹅才能达到生理状态和生产性能均好，取得良好的经济效益。反之，可能会浪费饲料，出现生产性能下降、产品质量降低及生病、死亡等问题。

一、鹅的营养需要

(一) 能量

鹅的一切生理和产品生产过程都需要能量保证。能量的主要来源是碳水化合物及脂肪。鹅在自由采食时，具有调节采食量以满足自己对能量需要的本能，然而这种调节能力有限。法国学者对朗德鹅种鹅的能量需要做了试验，当气温为 0℃ 或稍高时，最佳产蛋率的能量需要是每只鹅每天 3.34～3.55 兆焦代谢能，其日粮的能量水平为 9.61～10.66 兆焦/千克。温度更低时则需要量更大一些。当日粮能量水平为 11.70 兆焦/千克时，鹅不能正确调节采食量，同时也降低了产蛋率和受精率。另外，南京农业大学赵剑等用不同能量水平的配合饲料，对四季鹅进行试验，能量水平分别为 11.41 兆焦/千克、11.58 兆焦/千克、12.50 兆焦/千克，对照为 10.91 兆焦/千克，三个处理均比对照能量水平高，差异极显著，但 4 个试验组之间尽管能量不同，增重却不存在显著差异。这说明在充分放牧基础上，太高的能量水平并没有增重优势，反而增加饲养成本。

(二) 水分

水分是鹅体的重要组成部分，也是鹅生理活动不可缺少的主要营养。水分约占鹅体重的 70%，它既是鹅体营养物质吸收、运输的溶剂，也是鹅新陈代谢的重要物质，同时又能缓冲体液的突然变化，帮助调节体温。

鹅体水分的来源是饮水、饲料含水和代谢水。据测定，鹅食入 1 克饲料要饮水 3.7 克，当气温在 12～16℃ 时，平均每只每天要饮水 1 000 毫升。"好草好水养肥鹅"，说明水对鹅的重要。因此，对于集约化鹅的饲养，要注意满足饮水需要。

(三) 蛋白质

蛋白质是构成鹅体和鹅产品的重要成分，也是组成酶、激素的主要原料之一，与新陈代谢有关，是维持生命的必需养分，且不能由其他物质代替。蛋白质由 20 种氨基酸组成，其中鹅体自身不能合成必须由饲料供给的必需氨基酸是赖氨酸、蛋氨酸、异亮氨酸、精氨酸、色氨酸、苏氨酸、苯丙氨酸、组氨酸、缬氨酸、亮氨酸和甘氨酸。有研究表明，生长鹅对赖氨酸、蛋氨酸的需要量有着前高后低的趋势，日粮中蛋白水平较低时，添加蛋氨酸、赖氨酸、苏氨酸等必需氨基酸可维持正常生长或促进生长，提高饲料转化率。蛋白质需要与日粮的能量水平、蛋白质品质（氨基酸平衡、蛋白质消化率等）有较大关系。鹅对蛋白质的要求没有鸡、鸭高，其日粮蛋白质水平变化没有能量水平变化明显，因此有的学者认为蛋白质不是大部分鹅营养的限制因素。但是一般认为，蛋白质对于种鹅、雏鹅是重要的。有研究证明，提高日粮蛋白质水平对 6 周龄以前的鹅增重有明显作用，以后各阶段的增重与粗蛋白质水平的高低没有明显影响。通常情况下，成年鹅饲料的粗蛋白质含量宜为 15％～17％，育成鹅 14％～15％，雏鹅为 16％～20％即可。

（四）碳水化合物

碳水化合物由碳、氢、氧 3 种元素组成，是新陈代谢能量的主要来源，也是体组织中糖蛋白、糖脂的组成部分。碳水化合物的分解产物过量时，可以转变为肝糖原或脂肪贮存备用，鹅可以在短时间内把体内吸收过量的碳水化合物合成脂肪，贮存于肝脏，形成生理性脂肪肝，这也是有的品种可生产鹅肥肝的生理原理。粗纤维是较难消化的碳水化合物，饲料中若含量太高，会影响其他营养物质的吸收，因而粗纤维含量应该控制。有资料报道，5％～10％的粗纤维含量对鹅比较合适，幼鹅饲料粗纤维含量应该稍低一些。

（五）脂肪

脂肪是鹅体组织细胞脂类物质的构成成分，也是脂溶性维生素的载体。脂肪的主要作用是提供热量，保持体温恒定，保持内脏的安全。鹅饲料中一般不另外添加脂肪，因为饲料中脂肪已能满足鹅的需要，且比较难消化，并可以由碳水化合物或蛋白质的转化得到补充。饲料中 1 克脂肪含能量为 32.29 千焦。

（六）矿物质

矿物质占体重的 $3\%\sim4\%$，其中主要是钙和磷，钙约为体重的 2%，磷为 1%。另外，还有钾、钠、锰、锌、碘、铁、铜、钴、硒、氯等微量元素。矿物质不仅是组织成分，也是调节体内酸碱平衡、渗透压平衡的缓冲物质，同时对神经和肌肉正常敏感性、酶的形成和激活有重要作用。

鹅不仅要求矿物质种类多，而且更需要其比例合适，如钙、磷比，成年产蛋鹅约为 $3:1$，雏鹅约为 $2:1$。种鹅日粮中的含钙量应为 2% 多一点，含磷量为 0.7% 左右，含盐量 0.4% 左右。钙和磷的无机盐比有机盐易吸收，因此，补充钙、磷的主要原料为石粉、贝壳粉、骨粉、磷酸氢钙等。籽实类及其加工副产品中的磷 50% 以上是以有机磷存在，利用率较低。矿物质的缺乏，影响鹅的生长发育。如缺钙雏鹅骨骼软化，易患佝偻病，产蛋鹅产薄壳蛋，产蛋量和孵化率下降；缺钠雏鹅神经机能异常，啄癖；缺锌雏鹅发育迟缓，羽毛发育不良；缺碘易患甲状腺肿大等。

（七）维生素

维生素既不提供能量，也不是构成机体组织的主要物质。它在日粮中需量很少，但又不能缺乏，是一类维持生命活动的特殊物质。维生素有脂溶性和水溶性之分，脂溶性维生素有维生素 A、维生素 D、维生素 E、维生素 K；水溶性维生素有维生素 C、维生素 B_1、维生素 B_2、维生素 B_6、维生素 B_{12}、胆碱等。大多数维生素在鹅体内不能合成，有的虽能合成，但不能满足需要，必须从饲料中摄取。鹅放牧时如果能采食到大量的青绿饲料，一般不会引起维生素缺乏。舍饲期间，当青饲料供应少时，要注意添加维生素，否则会发生维生素缺乏症，最容易缺乏的是维生素 A、维生素 B_2、维生素 D_3、维生素 B_{12}。

二、鹅的饲养标准

根据鹅不同阶段的营养需要，确定各种养分之间的适当比例，有目的地给予相应数量的营养物质，这种最佳的营养物质定性、定量标准就是饲养标准。鹅的饲养标准的编制不如猪、鸡那么广泛、细致、深入、准确。这是世界上许多国家都存在的问题。我国至今没有完成鹅的饲养标准编制工作。这里介绍的是一些参考性鹅的营养需要，不但较粗，且精确性、针对性也不强，在应用时应根据实际饲喂效果作合理调整（表2-1至表2-3）。

表2-1 美国NRC（1994）建议的鹅的营养需要量（干物质含量90%）

营养成分	0～4周龄	4周龄以上	种鹅
代谢能（兆焦/千克）	12.13	12.55	12.13
粗蛋白质（%）	20	15	15
赖氨酸（%）	1.00	0.85	0.60
蛋氨酸+胱氨酸（%）	0.60	0.50	0.50
钙（%）	0.65	0.60	2.25
非植酸磷（%）	0.30	0.30	0.30
维生素A（国际单位/千克）	1 500	1 500	4 000
维生素D_3（国际单位/千克）	200	200	200
胆碱（毫克/千克）	1 500	1 000	500
烟酸（毫克/千克）	65.0	35.0	20.0
泛酸（毫克/千克）	15.0	10.0	10.0
核黄素（毫克/千克）	3.80	2.50	4.0

表2-2 美国NRC（1994）建议的商品鹅体重及饲料消耗

周龄	平均体重（千克）	每两周耗料（千克）	总计耗料（千克）
0	0.11	0.00	0.00
2	0.82	0.96	0.96
4	2.05	2.93	3.89
6	3.05	3.20	7.09
8	4.05	4.34	11.43
10	4.85	4.68	16.11

表 2-3 朗德鹅的参考饲养标准

周龄	代谢能 (兆焦/千克)	粗蛋白质 (%)	粗纤维 (%)	赖氨酸＋蛋氨酸 (%)	胱氨酸 (%)	钙 (%)	有效磷 (%)	食盐 (%)
0～3	12.10	20.00	5.80	1.00	0.60	0.65	0.40	0.30
4～10	12.60	16.00	7.30	0.85	0.50	0.60	0.40	0.30
种鹅	11.70	15.50	6.20	0.60	0.50	2.25	0.40	0.30

◆ 小知识——饲料安全

指饲料产品（包括饲料和饲料添加剂）在按照预期用途进行制备和（或）饲喂时，不会对饲养的动物的健康造成实际危害，而且在畜产品中残留、蓄积和转移的有毒有害物质或因素在控制的范围内，不会通过动物消费饲料转移至食品中，导致危害人体健康或对人类的生存环境产生负面影响。饲料的品质质量（营养物质有效含量、理化性质等）及农药、抗生素、霉菌毒素、抗营养因子、重金属等有毒有害物质残留是饲料安全的关注重点。

❓案 例 >>>

浙东白鹅营养特点

根据浙东白鹅的品种特性和传统饲养管理模式，形成了浙东白鹅对饲料营养需要的特点。一是放牧为主的饲养方式，青绿饲料采食量大，对其养分的消化吸收能力强，青绿饲料的营养成分可基本满足浙东白鹅快速生长的营养需要。二是浙东白鹅肌胃发达，显著大于其他品种，育成期用谷糠、薯干等补饲，表明其对其中的粗纤维有很强的消化力。三是饲养浙东白鹅有"边吃边拉，六十天好卖"的俗语，说明吃得多，排得快，饲料在消化道存留时间短，饲料容量小的精饲料比例过高，养分吸收率下降。

专题四　日粮配合

一、日粮配合原则

日粮就是鹅在一昼夜内所采食的各种饲料的总量，日粮必须依据饲养标准把不同营养成分的饲料进行配合，才能实现科学饲养。

（一）选择合理的饲养标准

由于鹅的品种、年龄、性别、体重、生产目的、生产水平和环境气候等不同，对营养需要不同，适用的饲养标准也不同。因此，在日粮配合时，一定要选择适合生产的科学的饲养标准和营养价值表。在现有饲养标准中选择与实际饲养较接近的，再根据不同条件进行适当调整，按调整后的饲养标准配合日粮更切合生产实际。

（二）选用饲料要有全价性

不同饲料的营养成分比例和含量不同，饲料的全价性就是选用的饲料必须符合饲养标准的要求。应充分利用鹅的食草性和耐粗饲能力，扩大饲料来源，并尽量做到多样化，使各种饲料营养成分起到互补作用，配合的日粮中营养量和营养成分比例能满足鹅的营养需要。每种饲料含有不同程度的抗营养因子，单一饲料品种的比例过高会影响消化率。饲料种类的选择不单是其营养成分含量符合饲养标准，更要考虑各种饲料的配伍和饲料中营养成分的可消化性。

（三）经济合理

饲料是养鹅生产的主要成本支出（一般占50％以上），在日粮配合中选用饲料要做到因地制宜，努力降低成本。要求主要原料来源丰富，多采用当地营养丰富且价格低廉的饲料。有的饲料虽价格低，营养好，但不能直接利用，可以考虑其配合比例或作适当加工处理，在经济上会起到意想不到的效果。

（四）适口性

配合的日粮要具有较好的适口性和适当的体积，与鹅的生理特性相适应，以保证鹅的采食量。如鹅的日粮配合中应多考虑青绿饲料和粗饲料的利用，以达到一定的饲料体积。日粮中应少用动物性蛋白质饲料。

（五）可消化性

不同饲料原料对鹅的可消化性有区别，特别是粗饲料的不同纤维的比例、结构不同，要根据鹅消化能力选择种类及使用量。为了提高饲料的可消化性，对有的饲料在日粮配合前要进行粉（切）碎、揉压、浸泡、发酵等处理。配合日粮还可以添加微生物制剂，改善肠道环境，提高消化率。

（六）保持稳定

施行后的配合日粮，应保持一定的稳定性，不能随意改动，但也可按照饲料来源（价格）、饲养效果、管理经验、生产季节和养鹅户的生产水平进行适当调整。调整的幅度不宜过大，一般控制在10%以下。调整前后日粮配方在应用时，还应有一过渡期。

二、日粮配合方法

（一）配方计算

过去一般多采用手工方法借助简单的电子计算器运算，现在也可在电子计算机上利用专门的配方软件来计算。手工计算的基本过程是：一般根据鹅的品种、年龄和生产性能等，从饲养标准中找出各种营养物质的需要量，然后选择适当的常用饲料，再结合气候变化、生产实际和以往的生产经验确定日粮的营养标准。之后，再查饲料营养成分表。最后根据查得的数据计算日粮中营养成分的含量。若与计划标准差异太大，则可增减某些饲料，以求最后与标准基本一致。

鹅的营养标准项目甚多，在计算时，主要应抓住代谢能、粗蛋白质、钙、磷4项，食盐、微量元素、赖氨酸、蛋氨酸＋胱氨酸及维生素可放在最后定量添加调整。

（二）配制方法

用试差配制法。现以配制雏鹅日粮为例。基本原料有玉米、豆饼、菜籽饼、鱼粉、麸皮、骨粉、石粉与食盐。配制程序分五步：

（1）列出雏鹅的各种营养物质需要量以及所用原料的营养成分。

（2）初步确定所用原料的比例。根据经验，设日粮中各原料分别占如下比例：鱼粉4％，菜籽饼5％，麸皮10％，食盐与矿物质和添加剂4％。

（3）将4％鱼粉，5％菜籽饼，10％麸皮，分别用各种的百分比乘各自饲料中的营养含量。如鱼粉的用量为4％，每千克鱼粉中含代谢能12.134 6兆焦，则40克鱼粉中含代谢能12.134 6×4％＝0.510 6兆焦。其余依此类推。

（4）计算豆饼和玉米的用量。上述三种饲料加矿物质等共占230克，其中含蛋白质57克，代谢能1.6兆焦，不足部分用余下的770克补充。现在初步定玉米560克、豆饼210克，经过计算这两种饲料中含代谢能为10.1兆焦，蛋白质135克。与前面三种饲料相加，得代谢能11.7兆焦/千克，粗蛋白质19.2％。与饲养标准接近。

（5）加入食盐0.3％，磷酸氢钙1.2％，石粉1.5％，添加剂1％。

这样，雏鹅的日粮配方已经完成，完成配方后的日粮最好能在实际饲养过程中试验，能否达到预期的饲养效果，如饲料报酬、营养成分利用情况等，试验结果结合一些配方时未考虑因素对配方再作合理调整后，全面应用于生产。

三、日粮配方实例

1. 鹅全价饲料配方　见表2-4。

表2-4　鹅全价饲料配方及营养水平（％）

原料	1～20日龄	25～65日龄	成年鹅和后备仔鹅
玉米	15.1	24.5	20.5
小麦	46.9	38.0	17.0
大麦（去壳）	15	6	25

（续）

原料	1～20日龄	25～65日龄	成年鹅和后备仔鹅
小麦麸	—	—	15
燕麦	—	—	4
豌豆	—	—	3
向日葵粕	9	15	3.6
水解酵母	7	2	2
鱼粉	7	3	1
草粉	—	4	5
脱氟磷酸盐	—	4.6	0.8
白垩、贝壳	—	2.7	2.6
食盐	—	0.2	0.5
合计	100	100	100
代谢能（兆焦/千克）	11.81	11.65	10.65
粗蛋白	20.0	18.1	14.6
粗脂肪	2.0	2.6	3.3
粗纤维	3.3	5.6	6.0
钙	1.44	1.57	1.41
磷	0.89	0.80	0.73
钠	0.38	0.39	0.36
赖氨酸	1.02	0.76	0.63
蛋氨酸＋胱氨酸	0.72	0.65	0.46
每吨饲料中添加维生素量（克）			
维生素 A	10	10	10
维生素 D$_3$	1.0	1.0	1.5
维生素 E	5 000	5 000	5 000
维生素 K	2	2	2
维生素 B$_1$	2	2	2
维生素 B$_2$	4	4	4

（续）

原料	1～20 日龄	25～65 日龄	成年鹅和后备仔鹅
维生素 B_3	10.0	10.0	10.0
维生素 B_4（70%）	1 000	1 000	1 000
维生素 B_5	20	20	20
维生素 B_6	3	3	3
维生素 C	0.5	0.5	0.5
维生素 B_{12}	25	25	25
赖氨酸	800	2 300	750
蛋氨酸	500	600	750
抗氧化剂	150	150	150
硫酸锰	200	200	200
硫酸铜	10	10	10
硫酸铁	100	100	100
硫酸锌	60	60	60
氧化钴	8	8	8
碘化钾	3	3	3

2. 北方鹅推荐饲料配方 见表 2-5、表 2-6。

表 2-5 育雏鹅（0～4 周龄）饲料配方（%）

配方	I	II	III	IV	V
玉米	56	45	60	54	55
高粱		15			
稻谷					9.2
豆粕	24	29.5	22	22.4	17.2
麸皮		6.9		9	7
菜籽粕	8		3.7		
葵花粕			8		
谷糠				7	

（续）

配方	I	II	III	IV	V
棉籽粕	5.8				
啤酒糟	8.1				
鱼粉				4	
水解羽毛粉					2.3
骨粉			5.4		
贝壳粉	2.7				
石粉		0.3			
磷酸氢钙	3	24			2.6
食盐	0.4	0.4	0.4	0.4	0.4
添加剂	0.5	0.5	0.5	0.5	0.5
粗蛋白（%）	≥19.5	≥19.2	≥18.9	≥18.4	≥17.8
代谢能（兆焦/千克）	11.42	11.86	11.36	11.67	11.56
钙（%）	≥0.8	≥0.7	≥1.0	≥1.0	≥0.7
磷（%）	≥0.6	≥0.6	≥0.6	≥0.6	≥0.5

表 2-6 育肥鹅（5 周至出栏）和产蛋鹅饲料与配方（%）

配方	育肥鹅				产蛋鹅		
	I	II	III	IV	I	II	III
玉米	38	65	61.3	58.7	61	40.8	55
小麦	25						
大麦	19.4						
稻谷							8
高粱						19.6	
葵花粕	5				6		
菜籽粕		7.5		14.5		4	6.6
豆粕		8.5	17		8.7	18	6.7
棉籽粕				15.3	3.5		

（续）

配方	育肥鹅				产蛋鹅		
	Ⅰ	Ⅱ	Ⅲ	Ⅳ	Ⅰ	Ⅱ	Ⅲ
麸皮			10.8	7	10	8	12
谷糠			7.2				
鱼粉	3						
水解羽毛粉	1						3.4
饲料酵母	5						
酒糟		15.2					
石粉				0.6	3.6	3.8	
骨粉	0.7				4.3		
贝壳粉	2		2.8				3.5
磷酸氢钙		2.9		3	2	4.9	3.9
食盐	0.4	0.4	0.4	0.4	0.4	0.4	0.4
添加剂	0.5	0.5	0.5	0.5	0.5	0.5	0.5
粗蛋白（%）	≥15.0	≥15.0	≥15.0	≥16.0	≥15.0	≥15.5	≥13.6
代谢能（兆焦/千克）	12.00	11.70	11.77	11.04	11.07	10.82	10.95
钙（%）	≥0.8	≥0.8	≥1.0	≥0.8	≥2.4	≥2.2	≥2.2
磷（%）	≥0.6	≥0.6	≥0.6	≥0.6	≥0.7	≥1.0	≥1.0

3. 部分地方品种鹅配方 见表2-7至表2-9。

表2-7 太湖鹅日粮配方（%）

配方	肉用仔鹅	种鹅
玉米	52	65
次粉	2.0	4.0
米糠	12.43	
麸皮	6.0	4.0
豆粕	14.0	12.0

（续）

配方	肉用仔鹅	种鹅
菜籽粕	6.0	6.0
鱼粉	5.0	2.0
骨粉	2.0	2.6
贝壳粉		4.0
食盐	0.4	0.4
蛋氨酸	0.17	
粗蛋白（%）	18.3	15.3
代谢能（兆焦/千克）	12.01	12.04

表2-8 豁眼鹅日粮配方（%）

配方	1~30	31~90	91~180	成年
玉米	47	47	27	33
麸皮	10	15	33	25
豆粕	20	15	5	11
谷糠	12	13	30	25
鱼粉	8	7	2	3
骨粉	1	1	1	1
贝壳粉	2	2	2	2
粗蛋白（%）	20.29	18.38	14.39	16.30
代谢能（兆焦/千克）	12.08	12.00	11.10	13.80
钙（%）	1.55	1.50	1.96	2.35
磷（%）	0.74	0.76	1.05	1.06

表2-9 浙东白鹅日粮配方（精料补充料，%）

配方	雏鹅（1~4周）	育肥鹅（5~10周）	种鹅（产蛋期）
玉米	64.2	40	40
稻谷		20	20

（续）

配方	雏鹅（1~4周）	育肥鹅（5~10周）	种鹅（产蛋期）
碎米	5	10	
豆粕	30.0	4	6
鱼粉	2.0		
米糠		10	10
菜籽粕	5		
麸皮		15	10
贝壳粉			3
料精	3.8		
微量元素		1	1
粗蛋白（%）	20.0	12.7	11.68
代谢能（兆焦/千克）	11.82	11.30	11.42

四、日粮调制

（一）调制方法

鹅是草食家禽，耐粗饲，在日粮中过多使用精饲料，会增加饲料成本，同时，鹅有喜采食青绿饲料的食性，特别是我国地方品种尤其明显，在日粮调制中要充分注意。一般按照日粮配方，把不同种类饲料均匀混合后饲喂，籽粒类饲料只要破碎即可，不需粉碎成粉状，否则会加快通过消化道，影响饲料消化吸收；日粮配方要考虑其容重，不能过细及容量过小。青绿饲料可单独饲喂，也可切碎混合在配合日粮中饲喂，3周龄以下雏鹅长度在 0.5~1.5 厘米，3~5周龄 2~2.5 厘米，其他鹅以 2~4 厘米为宜。在规模化养殖过程中，为了提高饲喂效果，可以尝试把青绿饲料打浆配合日粮拌和后，压制成新鲜软颗粒饲喂。新鲜颗粒饲料应现制现喂，因其含水量较高，储存时间不能过长，一般夏春季 1~2 天，秋冬季 4~7 天，如需储存较长时间，要事先晾晒，降低水分。鹅用颗粒饲料可比其他禽类大，并要保证一定的硬度。为了提高饲料利用率，还可进行发酵、膨化等处理。

（二）浓缩饲料

将矿物质和维生素饲料等微量成分或蛋白质饲料按鹅不同生长、生产营养需要比例配制而成的饲料称为鹅的浓缩饲料，也称预混料。浓缩饲料适用于鹅场自配日粮的调制，具有养分配比合理、混合均匀、使用方便的优点。浓缩饲料在日粮中的添加比例按其使用说明书进行，一般为 5% 或 20%~40%。

（三）颗粒饲料

配合饲料采用颗粒加工工艺生产颗粒饲料，是鹅饲料调制的方向，相比饲料原料的原状或鹅场自行生产的粉状饲料饲喂，它具有以下优势。

1. 营养全面　颗粒饲料配方饲料原料品种多，可以按照不同品种、不同季节、不同生长生产阶段配制饲料，营养相对全面、平衡。饲料企业还会添加植物精油、活性小肽、中草药、饲料活性因子等，增强鹅的抵抗力。

2. 品质稳定　饲料生产企业采购饲料量大，供求关系稳定，对饲料水分、营养指标及霉菌毒素等进行检测把关，且颗粒饲料生产企业加工设施与工艺优于鹅场，饲料品质把关较严，可确保颗粒饲料原料质量，维持饲料品质稳定。

3. 减少维生素、微量元素等添加剂的浪费　自配料往往由于心理原因（担心添加量不足）和搅拌不匀，过量使用添加剂，而颗粒饲料计算称量精确，配料次序合理，浪费少。

4. 饲料卫生　颗粒饲料加工过程的高温可使饲料部分熟化，可杀灭病原，确保饲料安全，提高消化率。

5. 减轻劳动力　颗粒饲料直接饲喂，免除鹅场自配饲料混合和饲喂时的劳动力。

6. 减少精力　为了确保鹅场自配饲料的营养全面性，采购多种饲料原料，需要精力。

7. 提高经济效益 由于颗粒饲料生产企业原料采购的质量价格优势，科学配比，可显著提高饲料利用效率和鹅的生产性能。

> ◆**小知识——全价（配合）饲料**
>
> 鹅的全价配合饲料简称全价饲料，是指根据鹅生理、生产的营养需要所制定的饲养标准，经过科学的配方设计和合理的加工工艺制成的鹅专用饲料。全价饲料中含有鹅生理、生产需要的全部养分，且各种养分相互间比例适当，能被充分吸收利用，满足其充分发挥生产潜力的需要。鹅的全价配合饲料生产要求高，但有利于鹅的健康和产品品质最优，效率也高。

? 案 例 >>>

发酵饲料生产

发酵饲料是以微生物、复合酶为生物饲料发酵剂菌种，将饲料原料转化为微生物菌体蛋白、生物活性小肽类氨基酸、微生物活性益生菌、复合酶制剂为一体的生物发酵饲料。饲料通过选定的有益微生物发酵后再喂鹅，提高饲料利用率。通过生物发酵，饲料中部分养分被不同程度分解，可消化性提高，发酵微生物生长的菌体蛋白，提高发酵饲料品质，同时，发酵饲料还能改善适口性。发酵微生物产生的相关酶类，是分解发酵饲料养分的关键。常用发酵微生物有6类，乳酸菌类、芽孢杆菌类、酵母菌类、霉菌类、光合细菌类、丙酸杆菌类，鹅饲料发酵菌类主要有青贮的乳酸菌、降解的酵母菌等，筛选的放线菌及真菌菌种能够分解纤维素，现在常用EM复合菌制剂。

思考练习

1. 饲料根据性状可分为哪几类?

2. 饲料中的主要营养成分有哪些?

3. 如何做好青绿饲料种植季节的合理搭配和加工调制,确保常年均衡供应?

4. 简述鹅的饲料配制方法。

5. 颗粒饲料在鹅日粮中应用的优势是什么?

第三讲 CHAPTER 3
鹅场的规划与建设

本讲目标 >>>

本讲要求掌握鹅场建设与设施，了解鹅的标准化规模饲养技术与传统饲养管理的相同和区别点，为发展规模养鹅、提高经济效益打下基础。

知识要点 >>>

本讲介绍鹅场及设施的选择，以及标准化生产技术要求。

专题一 鹅场建筑与设施

鹅场建筑与设施一是要求尽可能满足鹅的生理特点需要，使其繁殖、生长等性能得以充分发挥；二是要求经久耐用，便于饲养管理，提高工作效率。所以，在鹅场建筑与设施选择上要考虑当地环境条件、鹅的生产目的、饲养规模和饲养方式等综合因素，因地制宜做好计划，以达到降低生产成本，提高养鹅效益的目的。

一、场址选择

鹅场场址的选择，不但关系到经济效益的高低，而且是养鹅成败的关键。一般要求它有利于疫病预防、生产性能发挥和生产成本的下降。

（一）濒临水面

鹅需游水场地，鹅舍要建在河边或湖滨处，水面尽量宽阔，水深在1～2米，水面波浪小，周边环境安静。水源上游尽量避开工矿企业和居民聚集区，不受工业废水和生活污水的污染。水源做到排放流动，否则长期饲养易引起水发绿变质，影响鹅的健康。如是河流，应避开主航道，选择支汊或河道内凹处。无自然水源条件的，可人工开挖池塘，从附近水源引入活水或利用地下水。当然，鹅虽是水禽，也可旱养，但要有一系列的配套饲养管理设施和方式，饲养成本增加；在我国多数地区不适用旱养。水资源短缺地区实行规模养殖，可以尝试喷淋饲养法，解决养殖水源问题。此外，还应有充足清洁的饮用水源。

（二）地势高燥

鹅舍及陆上运动场的地势应高燥平缓，排水良好，最好向水面倾斜5°～10°，地下水位应低于建筑鹅场地基0.5米以下。常发洪水地区，鹅舍必须建于洪水水线以上。鹅场应远离屠宰场、排放污水源等，与人口密集地保持距离1 000米以上。鹅舍不能建于低洼、积水等潮湿地区，否则易受有害昆虫、微生物的侵袭。场址土质要求是沙土、沙壤土或壤土，如建于黏土上，则必须在上覆20厘米以上沙质土，否则雨天会引起排水不良和泥泞，不能保持鹅舍干燥。

（三）防疫隔离

鹅场应具有良好的防疫隔离条件，要求鹅场周围3千米内无大型化工厂、采矿场等环境污染源，2千米内无屠宰场、肉品加工厂、畜禽养殖场等污染源，距离公路干线、聚居区等1千米以上。

（四）坐北朝南

鹅舍尽量建于水源的北边，朝南或偏东南，做到冬暖夏凉，防止冬季吃风，夏季迎西晒太阳。据研究，朝西或朝北建舍与朝南比，其饲料消耗增多，死亡率提高，鹅产蛋率下降。这对小规模粗放管理鹅场尤为重要。

（五）草源充裕

充裕的草源是降低鹅的饲料成本，提高生产性能的基础。鹅舍附近能有较宽裕的牧草生产地，使鹅有青绿饲料供应的保障。如在鹅场周边有果园、荒滩、草地等条件，则更有利于鹅的放牧，可节省饲料，降低成本。建议鹅场建在种植园中去，直接利用种植业副产品和废弃物作鹅饲料，鹅粪还能直接还田，做到农牧循环结合。

（六）交通便捷

鹅场出入的交通便捷有利于饲料、鹅产品的运输。在有利于防疫和保持环境安宁的条件下靠近交通主线。此外，还应有水、电和通信条件。尤其是一定规模的养鹅场，在设计和选址时，这些条件必须满足，否则现代化技术和科学养鹅技术就难以全面应用，影响养鹅的经济效益和今后的进一步发展。

二、鹅舍建筑

（一）鹅舍用途

鹅舍建筑应根据鹅的生理阶段、生产目的等不同用途进行区分，以利科学管理和节约成本。

1. 育雏舍　一般为 28 日龄内雏鹅的饲养区。育雏舍要有良好的保温性能，且能保证舍内干燥、空气流通但不漏风。规模养殖应有供温设施。有较大的采光面积，一般窗户与地面面积比为 1:（10～15）为好。鹅舍高度在 2 米以上，便于操作。鹅舍地面应比舍外高 20～30 厘米，做到清洁干燥。对育雏日龄较大的，还应有舍外活动场所和游水池。育雏舍的饲养面积每舍或每栏（圈）80～100 只雏鹅为宜，规模养殖的舍生产单元饲养数以 1 000～5 000 只为宜，育雏设施优良的笼养育雏舍养殖规模可扩大到 10 000～20 000 只。育雏舍大小应根据生产规模确定，一般的地面育雏饲养密度要求 1～5 日龄为 20～25 只/米^2，6～10 日龄为 15～20 只/米^2，11～15 日龄为 12～15 只/米^2，16～20 日龄为 8～12 只/米^2，20 日龄后密度逐渐下降，小型品种鹅的饲养密度还可适当增加。随着养殖规模的扩大，育雏要求提高，育雏方式上已开始实施离地育雏和笼上育雏，这些方式，对育雏舍的结构要求更高，但单位面积的饲养密度增加；如采用 2～4 层笼上育雏，其育雏舍的单位面积可比地面育雏减少 1/3 左右。

2. 肉鹅舍（育成舍） 育雏结束后鹅的羽毛开始生长，对环境温度抵抗力增强，鹅舍的保温要求不高。鹅舍能做到遮雨、挡风，北方地区还要注意防寒。鹅舍下部能适当封闭，防止敌害。上部敞开，增加通风量，夏季特别要注意散热。南方至 40 日龄后，可半露宿饲养，因此，鹅舍外应有舍外水陆运动场，鹅舍与陆地运动场面积的比例在 1：2 以上。每舍或每栏鹅群可扩大到 200～300 只，管理良好条件下，每群可养 500～1 000 只。舍内密度大型鹅 6～7 只/米^2，中小型鹅 8～10 只/米^2。

3. 育肥舍 育成期结束后上市的商品鹅经过一段时间育肥能增加体重、肉质和屠宰性能。育肥舍要求环境安静，光线暗淡，通风良好。平养育肥密度为大型鹅种 3～4 只/米^2，中小型鹅种 5～8 只/米^2。育肥舍中栏圈单位应小些，一般以每群 20～50 只为宜，不应超过 200 只。为提高育肥效率或特殊需要育肥（如肥肝生产填肥），最好选择离地育肥。离地育肥应保证通风、饮水供应充分。对肥肝生产还可实行分栏饲养，每栏数量为小栏（笼）3～4 只、大栏 10～20 只。

4. 种鹅舍 种鹅舍建筑视地区气候而定。一般也有固定鹅舍和简易鹅舍之分。在南方还可以露天圈养（但需设室内产蛋窝）。北方地区气候寒冷，夏天可露天圈养，冬天则搭建临时保温大棚，大棚的保温性能要根据寒冷程度确定。种鹅舍要有较好的防寒散热性能，光线充足。一般舍檐高 1.8～2 米，采光面积与舍内地面面积比为 1：（10～15）。饲养密度大型种鹅 2～2.5 只/米^2，中小型

种鹅 $3\sim3.5$ 只/米^2，在南方，陆地运动场较大的，分别可增加到 $4\sim5$ 只/米^2 和 $6\sim8$ 只/米^2。每群大小为 $400\sim500$ 只，对浙东白鹅、狮头鹅等群体性强的品种，管理良好条件下，每群可养 $1\,000\sim2\,000$ 只。种鹅舍内应清洁、干燥，内有充足的产蛋箱（窝）。一般鹅棚、运动场、游水场地的比例为 $1:(2\sim2.5):(0.5\sim1)$。游水场水深 $60\sim100$ 厘米为宜，陆地至水面连接坡面的坡度以 $15°\sim35°$ 为宜。为了节约用水，游水场水采用循环流动方式，游水场做成水沟，宽 100 厘米，水深 $30\sim40$ 厘米。种鹅舍和运动场要有遮阳装置，在周围种植落叶树，夏季能搭葡萄、丝瓜等棚架，或在运动场上覆遮阳网，进行遮阴防暑。实施错季繁殖生产的要建封闭式种鹅舍，封闭式种鹅舍要设通风、降温设施，一般可安装湿帘进行通风、降温，南方夏天炎热，还可再装冷风机。

5. 孵化舍（室）　人工孵化的，应根据人工孵化要求建筑，并根据饲养规模和发展计划设定孵化室规模。目前我国还有很多地方实行母鹅自然孵化，这就应设自然孵化舍。孵化舍要求环境安静、冬暖夏凉、空气流通。窗离地面高 1.5 米，舍内光线适当暗淡。一般每 100 只母鹅需孵化舍面积 $12\sim20$ 米^2，舍内安放孵化窝（巢），窝在舍内一般沿墙平面排列安放，舍中安放的，各列间距为 $30\sim40$ 厘米，便于孵鹅进出和操作人员走动。饲养规模稍大的，为节约孵化舍，可进行层叠孵化，用木架做 $2\sim3$ 层，让母鹅在上孵化，但操作时必须人工捉放，防止母鹅自行跳跃引起种蛋破损和母鹅跌伤。

（二）鹅舍类型

我国不同地区鹅舍建筑要求不同，南方主要是通风、防湿、防暑功能，北方主要是保暖功能。

1. 敞开鹅舍　指鹅舍一边或四边通风的鹅舍，一般适用于南方种鹅或育成、育肥鹅养殖，鹅舍通风良好，通常配有运动场。鹅舍投资较少，建设要求低，实用性强。

2. 半封闭鹅舍　指三面封闭的鹅舍，有门窗。可根据气候和环境温度开启或关闭门窗，具有保温功能，是比较常见的鹅舍类型，一般也配有运动场。

3. 全封闭鹅舍 鹅舍四面封闭，采用湿帘风机、冷暖风机、空调等调控舍内温度等指标。适用于育雏或种鹅季节调控繁殖，建设要求高、投资大，但投入产出效率高，是当前高效养鹅的发展方向之一。

（三）结构与材料

1. 砖混结构 过去常见的鹅场建筑结构，具有建设便捷、材料来源方便、建筑结构稳固、利于清洗消毒的优点，可适用于各类鹅舍建设。但随着劳动力成本的提升，建设成本较高，不便于拆迁。

2. 钢架结构 现代鹅舍建设开始普遍采用，具有设计简洁、搭建方便等优势，建议有条件的养殖场采用钢架结构建筑。

3. 混凝土结构 适用于孵化车间建设，对用地紧张地区多层养殖的建筑结构。混凝土结构牢固、使用方便，但投资较大。

4. 简易大棚 常用于肉鹅养殖，也可以用于种鹅养殖，具有投资轻、搭建便捷的优势。但大棚的薄膜透气性差，棚内的湿度往往难以控制，因此不适于雏鹅饲养，且保温性能差，牢固性不够。建议采用钢管结构的塑料大棚，大棚上覆塑料薄膜、遮阳网，配以摇膜装置，棚顶每 5 米或全部设置天窗式排气装置，要求拱顶高度 2.5 米以上的塑料大棚，每个大棚面积一般为 250 米^2 左右。地面最好铺设砖块（下面铺薄膜防止水分蒸发）或网床，以保证地面的干燥。天热可将四周裙膜摇起，达到充分通风的目的。冬天温度下降，则可利用摇膜器控制裙膜的高低，来调控舍内温、湿度。冬天可将朝南遮阳网提高，以增加阳光的照射面积，南方冬季可在大棚顶覆盖稻草帘子保温。

（四）鹅场布局

规模鹅场各类鹅舍间的布局要做到因地制宜、科学合理，以节约资金提高土地利用率，便于生产管理和预防疫病传播。鹅场一般分生活（办公）区、生产（养殖）区、隔离（粪污堆存）区。布局分区时要考虑各类鹅舍和粪便处理的顺序，合理利用风向和地势，达到分区、隔离、不交叉的目的，此外，还要考虑人员生活区对鹅场的影响。一般种鹅舍与自然孵化室相连，接下去是育雏室（要求在上风干燥处），育成、育肥舍相邻，育成结束后可直接迁至育肥舍。一定规模鹅场应设兽医室，鹅粪便清出后应集中堆放在下风处发酵（注意不得露天堆放）。鹅场门口建设消毒池等设施，饲料进出与粪道能分开。

三、鹅场设施

（一）育雏设备

1. 自温育雏用具 自温育雏是利用箩筐或竹围栏作挡风保温器材，依靠雏鹅自身发出的热量达到保温的目的。此法设备用具简单且经济，但管理费工，故只适用于农家养殖小规模育雏。

（1）自温育雏箩筐 分两层套筐和单层竹筐两种。两层套筐由竹片编织而成的筐盖、小筐和大筐拼合而成。筐盖直径 60 厘米，高 20 厘米，作保温和喂料用。大筐直径 50～55 厘米，高 40～43 厘米，小筐的直径比大筐略小，高 18～20 厘米，套在大筐之内作为上层。大小筐底铺垫草，筐壁四周用草纸或棉布保温。每层可盛初生雏鹅 10 只左右，以后随日龄增大而酌情减少。这种箩筐还可供出雏和嘌蛋用。另一种是单层竹筐，筐底和周围用垫草保温，上覆筐盖或其他保温物。筐内育雏，喂料前后提取雏鹅出入和清洁工作等十分烦琐。浙东地区小规模育雏用稻草编织的鹅箪一般直径 60～80 厘米，箪高 50 厘米，内覆布毯，其保温防湿性能很好，用后在阳光下曝晒后可作下次用。

（2）自温育雏栏 在育雏舍内用 50 厘米高的竹编成的篾围，围成可以挡风的若干小栏，每个小栏可容纳 100 只雏鹅以上，以后随日龄增长而扩大围栏面积。栏内铺上垫草，篾围上架以竹条盖上覆盖物保温，此法比在筐内育雏管理方便。

2. 给温育雏设备 给温育雏设备多采用地下炕道、电热育雏伞或红外线灯等给温。优点是适用于寒冷季节大规模育雏，可提高管理效率。

炕道育雏分地上炕道式与地下炕道式两种。由炉灶与火炕组成，均用砖砌，大小长短数量需视育雏舍大小形式而定。地下炕道较地上炕道在饲养管理上方便，故多采用。炕道育雏靠近炉灶一端温度较高，远端温度较低，育雏时视日龄大小适当分栏安排，使日龄小的靠近炉灶端。炕道育雏设备造价较高，热源要专人管理，燃料消耗较多。

用煤饼或煤球炉加温有成本低、操作简便的优势。就是用高50～60厘米的小型油桶割去上下盖，在下端30厘米处安上炉栅和炉门，上烧煤饼（球），再盖上盖，盖上接散热管道。一般一次能用1天，每个炉可保温20米^{2}左右（视气温和保温要求定）。但使用时，一定要保证炉盖的密封和散热管道的畅通，并接至室外，否则会造成煤气中毒。

电热育雏伞用铁皮或隔热板制成伞状，伞内四壁安装电热丝作热源。有市售的，也可自制。一个铁皮罩，中央装上供热的电热丝和2个自动控制温度的继电器，悬吊在距育雏地面50～80厘米高的位置上，伞的四周可用20厘米高的围栏围起来，每个育雏伞下，可育雏200～300只，管理方便，节省人力，易保持舍内清洁。

红外线灯给温是采用市售的250瓦红外线灯泡，悬吊在距育雏地面50～80厘米高度处，每2米^{2}面积挂1个，不仅可以取暖，还可杀菌，效果良好。此外，太阳能加热水和目前市场上有的电热板等加温、保温器材都可以因地制宜地利用。

对大规模育雏，应采用锅炉热风保温，锅炉加热管道中的空气，再把热空气送到育雏室内，通过由自动温控的散热器，控制热空气流量，使育雏室保持恒温。

（二）发酵床制作

鹅场传统养殖一般使用稻草、麦秸等作鹅舍地面填料（称"填鹅栏"），根据填料湿度和表面鹅粪数量一层一层覆撒，不断增厚，填料内部发酵，直到鹅出栏后，一次性清理鹅栏作为有机肥。发酵床就是在此基础上改造的发酵填料，利用微生物发酵，将鹅粪有机物分解成为菌体蛋白，避免鹅粪腐败产生有毒物质。发酵床适用于中小规模肉鹅养殖。

1. 地面制作方式

（1）地上式　适用于旧鹅舍的改造，在鹅舍内的四周，用砖块、土坯、土埂、木板等材料做 30～40 厘米高的挡土墙（遮挡垫料），水泥地面和泥地均可，加垫料厚度 30～40 厘米，将菌种均匀拌入填料中。

（2）半地下式　即把鹅舍中间的泥地下挖 15 厘米左右，挖出的泥土，可以直接堆放到鹅舍四周，作为挡土墙，填料高度 30～40 厘米。

2. 填料制作　填料一般用谷壳、锯木屑、玉米芯等，发酵菌种可以采购发酵床专用菌种，也可以用 EM 菌，以 1∶1 比例加红糖后稀释 100 倍，20℃环境中放置 2～3 小时后拌入填料。

3. 管理　为了增加发酵床填料中氧气，加强鹅舍通风透光，要根据当地气候状况和填料湿度、紧实度进行不定期翻动。每平方米养殖密度控制在 5～6 只。饮水器应离开填料，避免水流入填料。

（三）饲喂设备

应根据鹅的品种类型和不同日龄的雏鹅，配以大小和高度适当的喂料器、饮水器等饲喂设备，要求所用喂料器和饮水器适合鹅的平喙型采食、饮水特点，能使鹅头颈舒适地伸入器内采食和饮水，但最好不要使鹅任意进入料、水器内，以免弄脏。其规格和形式可因地而异，既可购置专用饲喂设备，也可自行制作，还可以用木盆或瓦盆代替，周围用竹条编织构成。

雏鹅的喂料器和饮水器尺寸见表 3-1。40 日龄以上鹅饲料盆和饮水盆可不用竹围，盆直径 45 厘米，盆高 12 厘米，盆面离地 15～20 厘米。种鹅所用的饲喂器多为木制或塑料，圆形如盆，直径 55～60 厘米，盆高 15～20 厘米，盆边离地高 28～38 厘米。也可用瓦盆或水泥饲槽，水泥饲槽长 120 厘米，上宽 43 厘米，底宽 35 厘米，槽高 8 厘米，育肥鹅用木制饲槽，上宽 30 厘米，底宽 24 厘米，长 50 厘米，高 23 厘米。

表3-1　雏鹅用喂料器、饮水器尺寸

日龄	盆直径（厘米）		盆高（厘米）		竹条间距离（厘米）		饲喂鹅数（只）	
	大型鹅	中小型鹅	大型鹅	中小型鹅	大型鹅	中小型鹅	大型鹅	中小型鹅
1～10	17	15	5	5	2.5～3.0	2.5	13～15	14～16
11～20	24	22	7～8	7	3.5～4.0	3.5	13～15	13～14
21～40	30	28	9	9	4.5～5.0	4.5	12～14	13～14

（四）软竹围和围栏

软竹围可圈围1月龄以下的雏鹅，竹围高40～60厘米，圈围时可用竹夹子夹紧固定。一个月龄以上的中鹅改用围栏，围栏高60厘米，竹条间距离2.5厘米，长度依需要而定。

（五）产蛋巢或产蛋箱

一般生产鹅场多采用开放式产蛋巢，即在鹅舍一角用围栏隔开，地上铺以垫草，让鹅自由进入产蛋和离开，或制作多个产蛋窝或箱，供鹅选择产蛋。也可以用高度适合的塑料箱作产蛋箱，方便清洁消毒。

良种繁殖场如作母鹅个体产蛋记录，可采用自动关闭产蛋箱。箱高50～70厘米，宽50厘米，深70厘米。箱放在地上，箱底不必钉板，箱前开以活动自闭小门，让母鹅自由入箱产蛋，箱上面安装盖板，母鹅进入产蛋箱后不能自由离开，需集蛋者在记录后，再将母鹅捉出或打开门放鹅。

（六）孵蛋巢（筐）

采用自然孵化方式的，要设孵蛋巢（筐）。各地用的鹅孵蛋巢规格不相一致，原则是鹅能把身下的蛋都搂在腹下即可。目前常见的孵蛋箱有两种规格：一为高型孵巢，上径40～43厘米，下径20～25厘米，高40厘米，适用于中小型品种鹅；另一种为低型孵巢，上下径均为50～55厘米，高30～35厘米，适用于大型鹅。一般每100只母鹅应备有25～30只孵巢。孵巢内围和底部用稻草或麦秸柔软保温物作垫物。在孵化舍内将若干个孵巢连接排列一起，用砖和木板或竹条垫高，离地面7～10厘米，并加以固定，防止翻倒。为管理方便，每个孵巢之间可用竹片编成的隔围隔开，使抱巢母鹅不互相干扰打架。孵巢排列方式视孵化舍的形式大小而定，力求充分利用，操作方便。

设计和建造巢（筐）时必须注意以下几点：一是用材省、造价低；二是便于打扫、清洗和消毒；三是结构坚固耐用；四是大小适中；五是能和鹅舍的建筑协调起来，充分利用鹅舍面积来安排巢（筐）；六是必须方便日常操作；七是母鹅在里面孵化能感到舒适；八是能减少母鹅间的相互侵扰；九是有利于充分发挥种鹅的生产性能。

（七）运输笼具

用作育肥鹅的运输，铁笼、塑料笼或竹笼均可，每只笼可容8～10只，笼顶开一小盖，盖的直径为35厘米，笼的直径为75厘米，高40厘米。雏鹅运输盒一般用瓦楞纸制作，高度25厘米，大小视每盒放雏鹅的数量定，短距离可每盒20～50只，远距离每盒10～20只，每平方米纸盒面积雏鹅数为300～350只。雏鹅小规模运输一般用竹筐，筐底垫少量稻草等垫料，以每筐20～25只为宜。

（八）其他设备及用具

除上述介绍的养鹅设备及用具外，还有鹅场降温通风设施、照明设备、孵化设备（包括传统孵化设备和机械孵化设备）、生产肥肝的填饲机具（包括手动填饲机和电动填饲机）、饲草收割设备、饲料加工机械以及屠宰加工设备等。特别一提的是，鹅场应有青绿饲料切碎设施，因为青绿饲料打浆会影响适口性。

四、环境卫生设施

鹅场环境卫生对养鹅生产及鹅场周边环境保护十分重要，也是标准化生产的基础。

（一）隔离设施

鹅场可以用绿化带进行隔离，也可用篱笆、围栏，建围墙隔离的效果最好，但成本较高。有条件的，在隔离带配隔离沟。

（二）粪便处理

一般规模鹅场产生的粪便可用堆积发酵法处理，在鹅场下风处搭建粪便堆积发酵棚，发酵棚不能漏雨，棚内不积水，周边用墙围起。较大规模场可建造粪便有机肥料厂，也可建沼气池，生产沼气作鹅场能源，沼渣沼液再进行利用。鹅粪还可生产蚯蚓、食用菌。

(三) 污水处理

鹅场产生的污水可进行沼气发酵处理，建造三级生物沉淀池，污水经沉淀池生物氧化后，进行生态循环利用，用于作物灌溉或养鱼，也可通过种植莲藕、水葫芦等进行生物净化后，达到排放标准。

(四) 病死鹅处理

鹅场必须建有病死鹅无害化处理设施。有畜禽无害化统一处理设施的地区，鹅场应有病死鹅保存设施。其他废弃物也应有专门处理设施或方法。

> **➡ 小知识——负压水帘降温**
>
> 鹅实施季节调控繁殖，在产蛋期会遇到高温季节，鹅舍内光照调控时，需要有降温措施。负压水帘降温是当前经济有效的一种方法。就是在鹅舍两端分别安装风机和湿帘，通过风机向鹅舍外抽排风，在舍内形成负压，新风从湿帘进入鹅舍，并由气流带动水分蒸发降低进入空气的温度，达到鹅舍的降温目的。水帘和风机一般在鹅舍的纵向安装，但长度短、密封性好的鹅舍也可以横向安装。负压水帘降温需要鹅舍有较好的密封性。风机功率和水帘面积可根据鹅舍面积和降温程度经过测算而确定。

❓ 案 例 >>>

规模鹅场钢架结构鹅舍

在某规模化鹅场，采用钢架结构鹅舍建筑，其设计实例如下。繁育种鹅舍（图3-1至图3-4），鹅舍长50米，宽10米，栋建筑面积 500 米^2，运动场长 50 米，宽 20 米，运动场包括嬉水沟宽 0.5 米，运动场面积 1 000 米^2（包括嬉水沟 25 米^2）。选育种鹅舍（图 3-5 至图 3-7），鹅舍长 50 米，宽 10 米，栋建筑面积 500 米^2，运动场长 50 米，宽 10 米，游泳池（嬉水沟）宽 1 米，运动场面积 500 米^2。季节调控繁殖种鹅舍（图 3-8、图 3-9），鹅舍长 50 米，宽 10 米，栋建筑面积 500 米^2，运动场长 50 米，宽 7 米，游泳池（嬉水沟）宽 1 米，运动场面积 350 米^2。

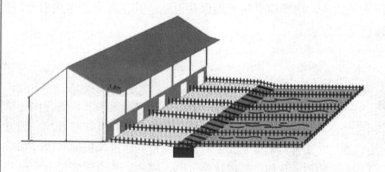

图 3-1　繁育种鹅舍

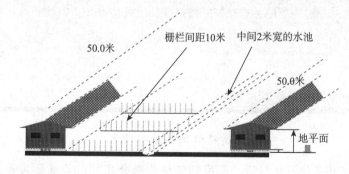

图 3-2　繁育种鹅舍结构

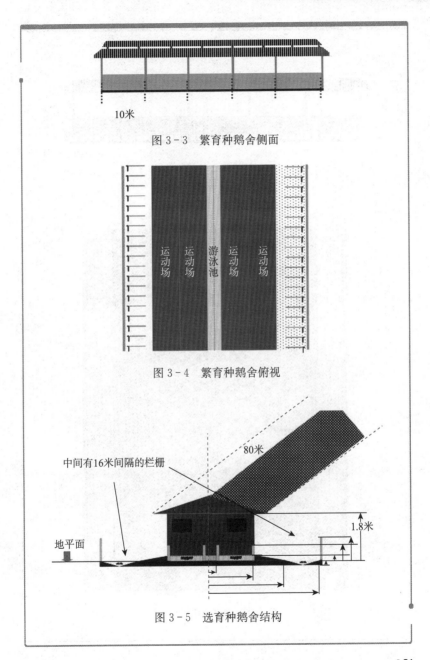

10米

图 3-3　繁育种鹅舍侧面

图 3-4　繁育种鹅舍俯视

80米

中间有16米间隔的栏栅

1.8米

地平面

图 3-5　选育种鹅舍结构

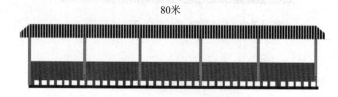

80米

分成5等分 16米一格

图 3 - 6 选育种鹅舍侧面

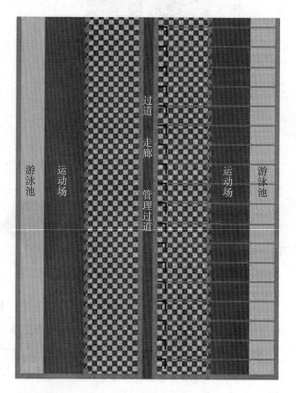

图 3 - 7 选育种鹅舍俯视

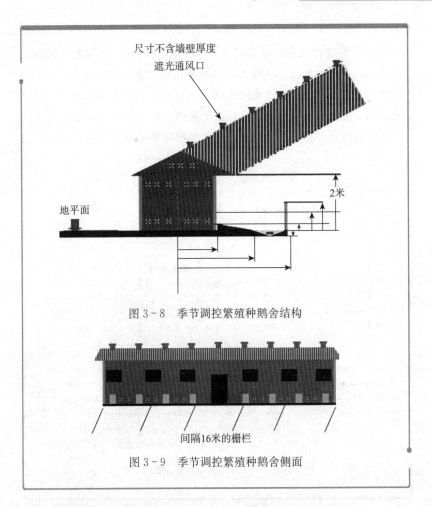

图3-8 季节调控繁殖种鹅舍结构

图3-9 季节调控繁殖种鹅舍侧面

？案例 >>>

种鹅场水循环利用

鹅场用水的生态循环利用对健康养鹅、环境保护、节约用水具有重要意义。总结种鹅场用水循环利用的做法实践，首先将种鹅场用水进行沉淀、过滤，减少水中有形物质，如羽毛、泥块、粪便颗粒和其他杂物，规模大的鹅场再进行厌氧发酵，消耗部分有机质，进入生物净化池，由池中动物、植物、微生物循环利用消解有机物。为了提高生物净化池的消解能力，可以在池中作增氧处理，处理后的水进行砂贝过滤，再循环回鹅场利用（图 3-10）。

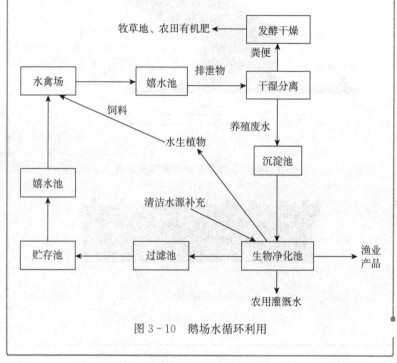

图 3-10　鹅场水循环利用

专题二　标准化养殖技术与鹅场制度建设

一、标准化养殖

养鹅标准化应根据不同地区、不同鹅品种及用途分别实施。在标准化养殖技术应用中，首先由标准化协调机构通过研究，组织制定出科学的品种标准、饲养管理标准及有关用药、环境安全等养鹅系列标准或标准体系。根据标准设计和建设鹅场建筑、添置养殖设施。在标准化养殖过程中，按标准要求组织实施养殖生产。

鹅的品种选择、饲养管理、疾病防治等都要符合标准要求（见附件）。

二、鹅场制度制订

养鹅场需要制定必要的各项管理制度，并上墙监督执行。

（一）养殖档案管理制度

（1）养鹅场必须建立养殖档案，并由专人负责养殖记录和档案的管理工作。

（2）养殖档案应当载明以下内容：

①鹅的品种、类别、数量、繁殖记录、标识情况、来源和进出场日期。

②饲料、饲料添加剂等投入品和兽药的来源、名称、使用对象、时间和用量等有关情况。

③检疫、免疫、监测、消毒等有关情况。

④发病、诊疗、死亡和无害化处理情况。

⑤畜禽养殖代码。

⑥畜牧兽医行政管理部门规定的其他内容。

（二）鹅场免疫制度

（1）免疫工作由鹅场防疫员专人负责，做好全场的免疫工作。

（2）小鹅瘟、高致病性禽流感必须执行下列程序：

①小鹅瘟免疫程序　母鹅产蛋前一个月，用小鹅瘟弱毒疫苗免疫。母鹅未免疫的，出壳后雏鹅1日龄内用雏鹅用小鹅瘟疫苗免疫。

②高致病性禽流感免疫程序　雏鹅7～14日龄首免，3～4周后进行加强免疫一次。后备种鹅开产前1个月进行第二次加强免疫，以后每隔4个月免疫一次。

③其他疫病免疫　根据疫病流行情况、本场防疫预案、当地防疫部门免疫要求等确定免疫疫病种类，制定免疫程序。

（3）免疫时按照下列要求：

①必须使用经国家批准生产的疫苗，并做好疫苗管理，按照疫苗保存条件进行贮存和运输。

②免疫接种时应按照疫苗使用说明书要求规范操作，并对废弃物进行无害化处理。

③免疫过程中应做好各项消毒工作，防止交叉感染。

④经免疫监测，免疫抗体合格率达不到规定要求时，尽快实施加强免疫。

（三）卫生消毒制度

（1）鹅场确定专职消毒人员，负责鹅场的消毒工作。

（2）消毒药应对人和鹅安全，对设备、设施腐蚀性小，没有残留毒性。

（3）鹅场出入口应设有消毒池和更衣室。每周对鹅舍消毒一次。对鹅场周围环境及场内污水池、堆粪棚、下水道每月消毒一次。

（4）工作人员进入生产区应更衣、换鞋、紫外线消毒和脚踏消毒池。控制外来人员进入生产区，外来人员应严格遵守鹅场防疫制度，更换一次性防疫服和工作鞋，并经紫外线消毒和脚踏消毒池，按指定路线行走，并记录在案。

（5）鹅出栏后，应及时对舍、栏、用具等进行彻底打扫和消毒。

（四）兽药使用制度

（1）必须使用经国家批准生产的兽药。

（2）鹅场兽药（生物药品）由专人管理，购入兽药必须经过验收方可入库。并做好出、入库记录。

（3）优先使用疫苗预防鹅的疫病，减少兽药用量。

（4）允许使用国家畜牧兽医行政管理部门批准的微生态制剂。

（5）禁止使用未经国家批准的兽药或已经淘汰的兽药。

（6）使用抗生素、抗寄生虫药，要严格遵守用法、用量和休药期，未满休药期的肉鹅，不得出售。

（五）疫情报告制度

（1）养鹅场应执行疫情报告制度，做好疫情报告工作。疫情报告由鹅场动物防疫人员负责，其他人员不得报告疫情。

（2）鹅场发生疑似重大动物疫情时，防疫人员应当立即向当地兽医部门报告疫情，并采取临时性隔离等控制措施，防止疫情扩散。

（3）疫情报告内容：

①疫情发生时间、地点。

②染疫、疑似染疫的鹅种类和数量、同群鹅数量、免疫情况、死亡数量、临床症状、病理变化、诊断情况。

③流行病学和疫源追踪情况。

④已采取的控制措施。

⑤疫情报告的单位、负责人、报告人及联系方式。

（4）临时控制措施：

①应立即隔离病鹅，并确定专人负责管理，防止病鹅转移。

②对鹅场进行全面消毒，特别对病鹅舍或被污染的环境进行彻底消毒。

③病死鹅不得随意屠宰食用。

④必要时对鹅场进行封锁。

（5）对重大动物疫情不得瞒报、谎报、迟报，不得授意他人瞒报、谎报、迟报，不得阻碍他人报告。

（6）防疫人员应当建立疫情统计、登记制度，并定期向当地兽医部门报告。

（六）鹅场无害化处理制度

（1）鹅场应设有无害化处理设施，如氧化池、无渗漏粪便发酵棚、病害尸体焚毁坑等。

（2）鹅粪、污水实行干湿分离。污水经氧化池氧化沉淀处理后用作周围农地牧草有机肥。鹅粪运至发酵棚进行堆积发酵后作为有机肥使用。

（3）对传染病致死或因病扑杀的死尸应按要求进行处理。

三、生产记录与养殖档案

生产记录与养殖档案对鹅场生产经营具有重要意义，通过生产记录和养殖档案分析可以找出生产经营中存在的问题，并予以改正，提高生产水平和经营效益。同时，根据《畜牧法》及配套法规要求，生产记录和养殖档案是管理部门对鹅场开展生产安全监管的依据。育种鹅场、保种场等还要有育种和保种有关的生产性能记录。屠宰场要有屠宰记录。

（一）生产记录

1. **育雏记录** 包括育雏环境（温湿度、气候等）、饲料消耗、死淘情况等记录（表3-2、表3-3）。育雏记录表由饲养员负责记录，对天气变化及其他有关管理工作还要以日记形式记录。技术员负责记录雏鹅动态观察情况。

表3-2 育雏记录表

日期	日龄	存栏数			死淘数		喂料量	鹅舍温度	备注
		公	母	小计	公	母			

饲养员： 技术员：

表3-3 育雏期体重测定表

编号	初生	1周龄	2周龄	3周龄	4周龄

饲养员： 技术员：

2. **育成记录** 包括耗料、体重、育成率等记录（表3-4、

表3-5)。商品肉鹅饲养，根据农业执法管理等部门要求，还应有食品安全方面的检测、监测记录。

表3-4 育成记录表

日期	日龄	存栏数			死淘数		喂料量	鹅舍温度	备注
		公	母	小计	公	母			

饲养员：　　　　　　　　　　　　　　　技术员：

表3-5 育成期体重测定表

编号	5周龄	6周龄	7周龄	8周龄	9周龄	10周龄	11周龄	12周龄	13周龄	14周龄	15周龄

饲养员：　　　　　　　　　　　　　　　技术员：

3. 产蛋记录、产蛋耗料记录 见表3-6。同时，要记录养殖日志，包括鹅的健康观察状况、死淘原因、产蛋异常变化等。

表3-6 产蛋记录表

日期		日龄	存栏数			死淘数		喂料量	产蛋数	非种用蛋数	备注
月	日		公	母	小计	公	母				

饲养员：　　　　　　　　　　　　　　　技术员：

4. 孵化记录 包括孵化环境记录、孵化成绩记录（表3-7至表3-9）。孵化日志应记载孵化器运行及孵化异常情况，采取的调整措施，有无损失等。

表 3 - 7　孵化成绩记录表

批次	入孵时间	入孵数量	头照时间	无精蛋	死胚蛋	受精蛋数	二照时间	死胚蛋	活胚数	出雏数	健雏数

操作员：　　　　　　　　　　　　　　　　技术员：

表 3 - 8　孵化成绩记录表

孵化批次：

值班记录时间	温度	湿度	通风状况	加（喷）水	翻蛋	凉蛋	备注

操作员：　　　　　　　　　　　　　　　　技术员：

表 3 - 9　孵化环境记录表

日期		孵化室		二氧化碳浓度	室外温度	备注
月	日	温度	湿度			

操作员：　　　　　　　　　　　　　　　　技术员：

5. 饲料兽药记录　包括饲料、兽药、疫苗入库记录（表 3 - 10 至表 3 - 12）。鹅场生产自配料的，还要有添加剂、预混料入库记录、饲料加工生产记录。饲料、兽药、疫苗还应有保管状况记录和出库使用记录。

表 3 - 10　饲料入库记录表

日期		饲料名称	等级	数量	单价	金额	来源	备注
月	日							

保管员：　　　　　　技术员：　　　　　　鹅场负责人：

表 3-11 兽药入库记录表

日期		兽药名称	规格	数量	单价	金额	产地	批号	备注	经手人
月	日									

保管员： 技术员： 鹅场负责人：

表 3-12 疫苗入库记录表

日期		疫苗名称	规格	数量	单价	金额	产地	批号	备注	经手人
月	日									

保管员： 兽医：

6. 免疫记录 包括疫苗和免疫结果监测记录（表 3-13、表 3-14）。

表 3-13 免疫记录表

免疫日期	疫苗名称	批号	免疫鹅日龄	数量	只免疫剂量	免疫反应	备注

兽医：

表 3-14 免疫监测记录表

监测日期		监测日龄	最近免疫时间	采集样品名称	份数	监测结果		备注
月	日					合格数	合格率	

兽医：

7. 病死鹅无害化处理记录 病死鹅需要兽医分析病死原因，并记录清楚。病死鹅的处理方法及去向要记录明确（表 3-15）。

表3-15 病死鹅无害化处理记录表

日期	病死鹅日龄	数量	病死原因	处理方法	备注	经办人

饲养员：   兽医：

8. 鹅场废弃物处理记录 见表3-16。

表3-16 鹅场废弃物处理记录表

日期		废弃物		处理方法	备注	经办人
月	日	种类	数量			

饲养员：   技术员：

（二）养殖档案

1. 引种 包括鹅的品种、数量、繁殖记录、标识情况、来源和进出场日期。

2. 饲料 包括饲料、饲料添加剂等投入品和兽药的来源、名称、使用对象、时间和用量等有关情况。

3. 防疫 包括检疫、免疫、监测、消毒情况。

4. 疾病防治 包括鹅场发病、诊疗、死亡和无害化处理情况。

5. 畜禽养殖代码 由当地畜牧兽医行政管理部门确定提供。

6. 其他 鹅场废弃物处理及环境治理等。

？案 例 >>>

标准化养鹅基地建设

标准化养鹅基地建设内容包括：

1. 良种化 因地制宜，选用高产优质高效良种，品种来源清楚、检疫合格。

2. **养殖设施化** 鹅场选址布局科学合理，鹅舍、饲养和环境控制等生产设施设备满足标准化生产需要。

3. **生产规范化** 制定并实施科学规范的鹅饲养管理规程，配备与饲养规模相适应的畜牧兽医技术人员，严格遵守饲料、饲料添加剂和兽药使用有关规定，生产过程实行信息化动态管理。

4. **防疫制度化** 防疫设施完善，防疫制度健全，科学实施鹅疫病综合防控措施，对病死鹅实行无害化处理。

5. **粪污无害化** 鹅场粪污处理方法得当，设施齐全且运转正常，实现粪污资源化利用或达到相关排放标准。

思考练习

1. 如何进行鹅场建筑场址选择和鹅舍的建筑布局？
2. 如何进行鹅场制度建设？

第四讲
CHAPTER 4
鹅的饲养管理

🦴 **本讲目标** >>>

本讲要求掌握各类鹅饲养管理的特点，在管理中应结合鹅的生理和生活习性，实现养好鹅的目标。

🦴 **知识要点** >>>

本讲介绍不同种类鹅的饲养管理要点。重点是抓好雏鹅的培育，育成鹅的管理，商品肉鹅的育肥和肥肝鹅生产，后备鹅的饲料调控，种鹅的产蛋期和休蛋期管理。

专题一　育雏

一、雏鹅的特点

出壳至 28 日龄的饲养管理阶段称育雏期。育雏期雏鹅生长发育快，新陈代谢旺盛，一般中小型鹅初生重 100 克以下，大型鹅

100～120 克，到 4 周龄时体重增加近 10 倍。但雏鹅消化道容积小，肌胃收缩力弱，消化道中蛋白酶、淀粉酶等消化酶数量少、活力低，消化能力不强。雏鹅绒毛稀少，体温调节机能尚未完善，对外界温度的变化适应力弱，特别是对低温、高温和剧变温度的抵抗力很差。雏鹅免疫机能不全，对疾病的抵抗力也较差。此外，在生长过程中，性别对生长速度影响较大，一般公雏比母雏快 5%～25%。根据雏鹅的生理特点，育雏阶段饲养管理特别重要，它直接影响雏鹅的生长发育和成活率，继而影响到育成鹅的生长发育和种鹅阶段的生产性能。

二、育雏前的准备

（一）育雏室及用具

规模养鹅必须要有育雏室，育雏室要求光线充足，保温通风良好，并要求干燥，便于消毒清洗。育雏前 2～3 天育雏室要进行清扫后用消毒药消毒，墙壁用 20% 石灰乳涂刷，地面用 5% 漂白粉悬混液喷洒消毒，密封条件好的育雏室最好进行熏蒸消毒，地面用火焰消毒器消毒。饲料盆（槽）、饮水器等用 5% 热烧碱或 0.05% 氯毒杀、消毒威或 1：200 百毒杀等喷洒或洗涤后，用清水冲洗干净；垫料（草）等清洁、干燥、无霉变，在使用前在阳光下曝晒 1～2 天。育雏前还要做好保温、育雏饲料、常用药物等准备工作，并考虑到育雏结束后育成计划和准备。进雏前育雏室要进行预温，一般冬季和北方地区要预温至 28～30℃，南方春秋季节预温至 26～28℃。

（二）雏鹅的挑选

要求选择的雏鹅外形符合品种要求，不要饲养种源不明的杂乱品种。挑选的鹅雏要健壮，举止活泼，眼大有神，反应灵敏，卵黄吸收和脐带收缩良好，毛干后能站稳，叫声有力，羽毛粗长光洁，挣扎迅速有力，用手握住颈部提起来时，双脚迅速收缩。对腹部大、血脐、大肚脐等弱雏及歪头、跛脚等发育异常雏鹅要坚决淘汰。

（三）运输

雏鹅运输温度保持在 25～30℃，运输车上覆被盖，天冷时用棉毯，但要留有通气口，运输中要经常检查雏鹅动态，防止打堆或过热引起"出汗"（绒毛发潮）。

三、育雏方式

（一）育雏方式

按育雏设备分育雏方式有垫草平养、网上平养和笼养。也可地面平养与网上或笼养结合，饲养 1～3 周龄转入地面平养。垫草平养要保证垫料干燥清洁，垫草厚度春秋季节 7～10 厘米，冬季13～17 厘米。小群的可放在鹅篰或竹筐内育雏。网上平养可防止鹅栏潮湿，但必须保温。笼养是大规模育雏的最佳方法，节约育雏室、劳动力，育雏效果好。

按温度来源可分为给温育雏和自温育雏两种，给温育雏就是人工提供热源，育雏效果好，劳动生产率高，适合于大群育雏和天气寒冷时采用。自温育雏就是雏鹅在有垫料的草篰、箩筐、草圃内，上覆保温物利用雏鹅自身散发的体温保温，对小群育雏具有设备简单、经济等优点。

（二）饲养季节

饲养季节与气候条件、青绿饲料供应、鹅产品季节差价等因素有关。从适宜性讲，华东地区 3～4 月开始饲养，至端午节上市。四川等中部地区习惯饲养冬鹅，即 12 月育雏，春节上市。浙江地区 9～11 月饲养肉鹅的市场价最高。南方 11 月饲养条件最好，鹅生长也快，效益高。北方地区有"清明捉鹅"的习惯，这时天气转暖利于育雏，青草生长解决了青绿饲料的来源问题。北方冬季不宜养鹅，但采用塑料暖棚等新的饲养方式能解决保温问题。养鹅最佳季节选择随着市场行情的变化、饲养水平的提高、种草养鹅或集约化舍饲方式的采用，季节因素也有较大变化，使季节差异在缩小。

四、饲养管理

(一) 开水、开食

"开水"或称"潮口"，即雏鹅第一次饮水，一般雏鹅出壳后24～36小时，在育雏室内有2/3雏鹅要吃食时应进行"开水"。饮水的水温以25℃为宜，饮水中可用0.05%高锰酸钾或5%～10%葡萄糖水和含适量复合B族维生素的水，"开水"方法可轻轻将雏鹅头在饮水中一按，让其饮水即可。"开水"后即可开食，开食料用雏鹅配合饲料或颗粒饲料加上切细的少量青绿饲料，其比例一般为先1：1后1：2，对小群饲养而无条件的可用蒸熟的硬米饭加些许细米糠替代配合饲料或颗粒饲料。

开食方法可将配制好的饲料撒在塑料布上，引诱雏鹅自由吃食，或用禽喂料器，也可自制长30～40厘米、宽15～20厘米、高3～5厘米的小木槽喂食，周边要插一些高15～20厘米、间距2～3厘米竹签，以防雏鹅采食时跳入槽内将饲料勾出槽外造成浪费。育雏鹅要保证充足饮水，饲料饲喂次数一般3日龄前每天喂6～8次，4～10日龄喂8次，10～20日龄喂6次，20日龄后喂4次（其中夜间1次），精料、青绿饲料配比10日龄后改为1：3，喂时应先喂青绿饲料后喂精饲料。如果饲养规模不大或饲养地青绿饲料供应充裕，还可以加大青绿饲料饲喂比例，这样能降低饲料成本。

(二) 保温

雏鹅保温随育雏季节、气候不同而不同，一般需人工保温3～4周（表4-1）。检测温度计应挂在离地面15～20厘米墙壁上，根据育雏室大小确定温度计的悬挂数量。温度掌握原则：小群略高，大群略低；弱雏略高，强雏略低；冷天略加高，热天略降低；夜间略高，白天略低；昼夜温差不超过2℃。要根据雏鹅表现的观察，确定温度是否适宜，一般要求雏鹅均匀分布，活泼好动，如雏鹅集中在热源处拥挤成堆，背部绒羽潮湿（俗称"拔油毛"），并发出低微而长的鸣叫声，说明育雏温度偏低，应及时加温；如雏鹅远离热源，张口喘气，大量饮水，食欲下降，则表明温度过高，应降温。推荐的温度是对一般情况下的要求，如果育雏室湿度较低，温度也可低些，雏鹅健康状况不好，应该高些。保温热源可用坑道、水蒸气（管道）、炉子或红外线等电热源，炉子保温要防止一氧化碳中毒；红外线灯泡保温，灯泡高度应在雏鹅 7 日龄内离地面 40～50 厘米，以后随日龄增加而逐步升高。育雏脱温时间要根据饲养季节、饲养地区、育雏室条件等确定，但原则是根据雏鹅能否适应脱温后的环境温度。

（三）控湿

湿度与温度同样对雏鹅健康有很大的影响，而且两者是共同起作用的（表 4-1）。鹅虽是水禽，但育雏期要求干燥。育雏室要保持干燥清洁，相对湿度在 60％～70％，低温高湿使雏鹅体热散发很快，觉得更冷，致使抵抗力下降而引起打堆、感冒、腹泻，造成僵鹅、残次鹅和死亡数增加，这往往又是一些疫病发生流行的诱导因素。高温高湿则使体热难以散发，雏鹅食欲下降，容易引起病原菌的大量增殖，雏鹅发病率上升。在保温的同时，一定要注意空气流通，以及时排出育雏室内的有害气体和水汽。为防止育雏室过湿，一般要求垫料经常更换或添加，喂水切忌外溢，加强通风干燥，还可用生石灰吸湿。

表 4-1　育雏期适宜温、湿度推荐表

日龄	温度（℃）	相对湿度（％）	室温（℃）
1～5	27～28	60～65	15～18
5～10	25～26	60～65	15～18
11～15	22～24	65～70	15
16～20 以上	18～22	65～70	15

（四）分栏

随着雏鹅的长大，要及时进行分栏（分群），一般要求育雏密度 1～5 日龄每平方米饲养数为 20～25 只，6～10 日龄为 15～20 只，11～15 日龄为 12～15 只，16～20 日龄为 8～12 只，20 日龄后密度逐渐下降，小型品种鹅的饲养密度还可适当增加。分栏应根据雏鹅的大小、强弱进行，每栏（群）以 25～30 只为宜。最好是进行雏鹅的雌雄鉴别，公母分开育雏饲养。为提高整齐度，要加强弱群、小群的饲养管理。鹅是水禽，要进行放水，以提高鹅的素质，一般育雏 1 周左右可进行放水，初次放水应在浅水塘中，自由下水几分钟后即赶上岸，特别是寒冷天气，要防止放水引起受冻。另外，要搞好育雏室的清洁卫生和定期消毒，同时，还要防止鼠害。育雏室保持安静，以防雏鹅应激。

（五）放牧

有放牧条件一般 20 天左右雏鹅可以放牧（北方早春应推迟到30 天），夏天 10 天左右就能放牧。放牧鹅群要健康活泼，放牧要求先近后远，放牧场地平坦，嫩草丰富，环境安静。放牧时应做到迟放早归，放牧时间由短到长，开始时间在半小时左右。放牧群体以 300～600 只为宜。一般放牧 1 周后，可让雏鹅下水运动，但时间不宜过长。放牧后，白天饲料饲喂次数和数量可逐渐减少，至 1月龄后只需晚上补饲。

五、笼养技术

笼养育雏是规模养鹅的管理基础，具有饲养密度高，育雏质量好，便于机械化操作，劳动生产率高等优点。

（一）笼的设计

笼养育雏适宜于较大规模饲养，笼的设计也可因地制宜，就地取材。笼养时间为 4～21 日龄。育雏笼见图 4-1，一般笼的面积以 60 厘米×（80～100）厘米为宜，每笼养鹅 10～15 只，如浙东白鹅等生长速度较快的鹅种 14 日龄后每笼养 6～8 只。饲养规模大的可以把笼养分 2 个阶段，第 1 阶段为 1～2 周龄，第 2阶段为 3～4 周龄，第 2 阶段笼的面积扩大 60%～100%，因鹅的体重增大，笼底网的强度要加大。笼的高度因鹅的品种和育雏日龄而定，一般 30～40 厘米，分 2 个阶段的，高度也增加到 50 厘米，为便于捕捉，笼的正面要做成活动，笼的四周围栏，因鹅的跳跃能力较差，高度可在 25～30 厘米。笼底用 1.5 厘米×1.5 厘米或 1.2 厘米×6.0 厘米网眼的铁丝，也可用 2 厘米宽的竹条，间距 1.5 厘米。育雏最初阶段，如果出现因脚蹼较小卡入笼底的情况，则应先填入网眼更细的塑料网或网上铺少量稻草以预防。笼下设承粪板，笼的两边分设饮水槽和喂料槽，槽口离笼底高度根据鹅体大小调节。笼养可单层饲养，也可双层或 3～4 层饲养。

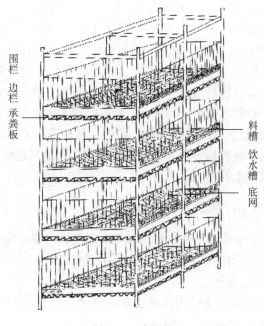

图 4-1　育雏笼

(二)笼养管理

笼养育雏室内必须人工保温。室温控制 1 周龄为 18～22℃；2 周龄为 14～18℃；3 周龄为 12～14℃。育雏室内保持清洁和干燥，并勤清粪。笼养育雏室保温最好用暖气管道，规模大、有条件的用小型锅炉热蒸汽保温，使室内温度保持均匀。雏鹅 3 周龄后，个体较大，应及时下笼饲养，以防雏鹅因活动少而发生软脚病等。初下笼雏鹅的平地活动量要由小到大，不可立即外出放牧，下笼前7～10天内一定要在日粮中补充足量的钙、磷和维生素 D，钙、磷比例控制在1∶0.7为宜。

⊙小知识——印随行为

一些刚孵化出来不久的幼鸟和刚生下来的哺乳动物学着认识并跟随着它们所见到的第一个移动的物体，通常是它们的母亲，这就是印随行为。有印随行为的动物称印随动物。印随动物会随着第一个看到的动态物体去学习，这是动物的一种本能，也是动物大脑的先天行为能力。一旦印随作用发生，就不可改变。鹅属于印随动物，在实际养殖过程中，我们要利用好印随行为，做好雏鹅的管理工作，如育雏环境的稳定及一些管理相关动作的训练等。相反，忽视印随行为，雏鹅群容易惊吓，产生应激反应，导致发生啄癖等行为，严重影响鹅群的后续管理。

❓ 案 例 >>>

统一育雏

对于养鹅扶贫等方式的，扶贫农户饲养规模较小，设施不完善，缺少养鹅经验，在育雏这个养鹅关键阶段会出现问题，导致雏鹅生长不良、鹅群整齐度低，甚至发生疾病或死亡，造成更大损失。实行统一育雏，就是选择一个上规模、有经验的养殖龙头企业（大户）负责育雏工作。雏鹅育雏期后，对环境和饲养条件要求不高，分发给小规模养殖农户饲养，既节约人工、设施等成本，提高成活率，又方便小规模农户养殖，是一举两得的育雏方式。

专题二　育成与育肥

一、育成鹅特点

育成鹅是指 4 周龄以上到育肥、后备期的鹅，它的觅食力、消化力、抗病力大大提高，对外界环境的适应力很强，是肌肉、骨骼和羽毛迅速生长阶段。鹅的绝对生长速度成倍高于育雏期。此间鹅的食量大、耐粗饲，在管理上一般可以放牧为主，同时适当补饲一些精料，满足其高速生长的需求。但随着规模化养殖的发展，全舍饲方式是发展方向。为提高养鹅效益，应有合理的青绿饲料种植计划，并应根据育成期耐粗饲特点，要充分利用当地价廉物美的粗饲料资源，以降低养殖成本。就养鹅而言，全精料饲养是不可取的，因为这样违背了鹅的消化生理特点，既浪费精料，又增加生产成本。育成期鹅的生长发育好坏，与出栏（上市）商品肉鹅的体重、品质以及作为后备种鹅的质量好坏有着密切的关系，因此这一阶段的管理虽比育雏鹅简单，但仍十分重要。

二、饲养管理

（一）饲养方式

育成鹅要养得好就离不开水。因此育成鹅舍应建在有游水场地处，鹅舍应高燥、向阳，环境安静，有一定的隔离条件，最好周边有放牧场地。育成鹅的饲养方式根据品种、规模、季节等确定，一般可分放牧、半放牧和舍饲三种。对周边放牧场地充裕或饲养规模较小的，可采用放牧方式，饲养成本轻、经济效益好；同时，放牧可使鹅得到充分运动，能增强体质，提高抗病力。对放牧条件限制大，具有一定饲养规模的，可采用半放牧方式，如结合种草养鹅，也能获得高的经济效益。无放牧条件或生产规模大的，采用舍饲方式，利用周边土地人工种植牧草，并按饲养规模确定种草面积、牧草品种和播种季节，做到常年供应鲜草，这种方式不受放牧场地和饲养季节等的限制，并能减少放牧时人员的劳动强度，饲养规模大，劳动力、土地利用率高，是现代化大规模养鹅的主要途径。

（二）放牧饲养

对放牧鹅，在放牧初期，一般上下午各一次，中午赶回鹅舍休息；天热时，上午要早放早归，下午晚放晚归，中午在凉棚或树荫下休息；天冷时，则上午迟放迟归，下午早放早归，随日龄增长，慢慢延长放牧时间，根据鹅的采食高峰在早晨和傍晚，因此放牧要尽量做到早出晚归，使鹅群能尽量多食青草。放牧场地，要选择鹅喜食的优良牧草，要有清洁的水源，同时又有树荫或其他遮蔽物，可供鹅遮阴或避雨。鹅的消化吸收能力很强，为保证其生长的营养需要，晚上要补喂饲料，饲料以青绿饲料为主，拌入少量精料补充料或糠麸类粗饲料。夜料在临睡前喂给，以吃饱为度。在放牧过程中要做到"三防"：一防中暑雨淋，热天不能在烈日暴晒下长久放牧，要多饮水，防止中暑，中午在树荫下休息，或者要赶回鹅舍。50日龄以下中鹅，遇雷雨、大雨时不能放牧，及时赶回鹅舍，因为羽毛尚未长全，易被雨淋湿而产生疾病。二防惊群，育成鹅对外界比较敏感，放牧时将竹竿高举、雨伞打开等突然动作，都易使鹅群不敢接近，甚至骚动逃离，发生挤压、踩踏，不要让狗及其他兽类突然接近鹅群，以防惊吓。三防中毒，施过农药（包括除草剂）后草地至少要经过一次大雨淋透，并经过一定时间后，才能安全放牧。此外，放牧时要尽量少走，不应过多驱赶鹅群，归牧时防止丢失。放牧鹅群一般以200～500只为宜，大群的也可在700～1 500只，但要有大的放牧场地，放牧人员充裕。

（三）舍饲管理

对于舍饲的育成鹅，要实行种草养鹅。舍饲时要注意游水塘水的清洁，勤换鹅舍垫草，勤清扫运动场。饲料和饮水槽（盆）数量充足，防止弱的个体吃不到料影响生长，拉大体重差异。舍饲的每群育成鹅数量以100～200只为宜，大规模可在300～500只，小规模控制在50～100只。舍饲的育成鹅饲料以青绿饲料为主，添加部分粗饲料和精饲料补充料。为防止青绿饲料浪费，喂前应切碎，最好拌入精饲料中饲喂（夏季一次饲喂时间不能过长，以防饲料酸腐）。因关养而缺少运动，特别要注意在饲料中保证蛋白质的营养和钙、磷比例合理，运动场内必须堆放砂砾，以防消化不良。鹅的消化速度快，为促进生长，饲喂次数一定要多，一般日喂3～4次，夜间1次。如青、精饲料分喂，青饲料饲喂次数还可增加。有条件的应尽量扩大运动场面积。

（四）育成指标

育成期饲养管理好坏，要看鹅的育成率和生长发育情况。一般要求育成率达到90%以上，10周龄体重达到成年体重的70%（主要指肉用品种），如大型品种的体重达到5～6千克，中型品种3～4千克，小型品种2.5千克左右。同时，育成期羽毛生长情况也是十分重要的，要检查鹅是否在品种特性所定的日龄内达到正常的换羽和羽毛生长要求，在正常出栏日龄时羽毛生长不全或提前换羽，将影响鹅的屠体品质。达不到育成指标的应及时调整饲养管理方式和饲料配比、结构。

三、育肥

（一）育肥方法

育成鹅在60日龄左右从中选出留种鹅的进入种鹅后备期饲养，其余的鹅应进行育肥。浙东白鹅等早期生长速度快的品种，以半放牧或舍养为主的，育肥日龄可提早到40～50日龄，60日龄就能出栏。育成鹅通过育肥既可加快育成后期生长速度，又可保证肉鹅的出栏膘情、屠宰率和肉质，是饲养肉鹅经济效益的最后保证。鹅的育肥期一般10～14天。育肥过迟，鹅的绝对增重下降，同时，出现第一次小换羽，影响饲料利用率，屠体质量也会下降；育肥过早，鹅处于发育阶段，育肥效果差，饲料利用率低，出栏时羽毛没有长齐。

1. 自食育肥 喂富含碳水化合物的谷实类为主，加一些蛋白质饲料，也可使用配合饲料与青绿饲料混喂，育肥后期改为先喂精饲料，后喂青绿饲料。将配合饲料加水拌湿，放置3～4小时进行软化后饲喂，每天喂4～5次，其中夜间1次，供足饮水。喂后放鹅下水洗浴。

2. 圈养育肥 用栏高 0.6 米的竹围栏，每平方米养 3～4 只；或用网架搭离地 50～60 厘米高的棚架，以便清除粪便。食槽和饮水器挂在栏外，围栏留缝让鹅采食饮水。日喂 4～5 次，夜间 1 次，喂量不限，供足饮水。

3. 填饲育肥 肉用仔鹅作烤鹅，需要肉鹅积聚皮下脂肪，应进行填饲育肥，提高鹅胚品质。填鹅的饲料所含能量要高些，饲料配方（％）：玉米 50、米糠 23、豆粕 6、菜粕 3.2、麸皮 15、骨粉 2、食盐 0.5、砂砾 0.3。将饲料用水拌匀，做成条状物，人工填喂入鹅的食管中。填料者左手捉住鹅头，张开鹅嘴，两膝夹住鹅身，右手拿饲料条蘸一下水，用食指将饲料塞入食管，并用手轻轻推动使其吞下。每天填喂 4～6 次。第 1～3 天，每次喂 3～4 条，第 4～8 天，每次喂 4～6 条，8 天以后每次喂 6～8 条。喂后供足饮水。有条件的可用填饲机填喂。

（二）育肥管理

育肥鹅按大小强弱分群饲养。育肥期要限制鹅的活动，控制光照并保证安静，减少对鹅的刺激，让其尽量多休息，使体内脂肪迅速沉积，供给充足饮水，增进食欲，帮助消化。要保持场地、饲槽和饮水器的清洁卫生，定期消毒，防止疾病发生。

> **➡ 小知识——限制饲养的注意事项**
>
> 鹅在育成后期开始，对需要作为后备种鹅的，要进行限制饲养，防止后备种鹅过肥或提前产蛋，影响种鹅的产蛋量和种蛋品质。限制饲养需要注意：一是限制饲喂量以鹅体重为基础；二是在放牧条件下，应该在放牧前 2 小时或放牧后 2 小时进行补料；三是观察鹅群健康状况，及时剔除弱鹅、伤残鹅和不符合品种要求的鹅；四是供应清洁用水，防止环境温度的大幅度变动；五是保持鹅舍的干燥和清洁卫生。

？ 案 例 >>>

粉肝生产

　　狮头鹅具有较好的育肥性能，产区有通过填饲育肥生产粉肝的习俗，粉肝口味细腻，有别于普通鹅肝及鹅肥肝，深受当地消费者喜爱。将要出栏的肉鹅关在栏中，进行2～3天的人工填饲，填饲料用大米煮熟冷却后，用填饲机对肉鹅填饲，达到短期迅速育肥的目的，同时，肝脏中积累脂肪，体积增大1倍以上，形成粉肝。

专题三　生产肥肝鹅的饲养管理

　　肥肝生产是一项新型养鹅产业，因鹅肥肝的特殊口味和营养价值，使鹅肥肝生产具有较大的经济效益，市场前景广阔。随着我国经济的发展，人们生活水平的提高，鹅肥肝消费量快速增加，同时，国际市场潜力也很大。2019年，欧盟禁止所有成员国生产鹅肥肝，这也给欧盟以外的地区带来了新的机遇。据专家预计，随着2019年禁令的发布，匈牙利等国将被迫停止鹅肝生产，鹅肝市场每年将因此会有1 500吨或更多的缺口。因此，掌握肥肝生产技术有很大意义。

一、生产肥肝鹅选择

（一）品种

　　品种是影响肥肝生产的首要因素。凡是肉用性能良好的大型水禽品种均适合于肥肝生产；而产蛋多的小型水禽品种不宜用于肥肝生产。国际上常用于肥肝生产的品种有朗德鹅、图鲁兹鹅、匈牙利白鹅、莱茵鹅、意大利鹅、以色列鹅、埃姆登鹅等。我国的狮头鹅、溆浦鹅的肥肝性能也较好。浙东白鹅是具有较好肥肝生产性能和肥肝品质的品种，但为了获得更佳的生产效果，建议引入朗德鹅等肥肝生产良种或进行杂交生产，实际经济效益增长明显。目前，国内外肥肝生产开始转向杂交品种，选择好的杂交组合，其繁殖性能好，肥肝填饲期有所缩短，同时能保证肥肝重和品质，西方国家为了减少肥肝生产副产品（鹅的屠体、体脂等）比例，在品种选育中开始引入肥肝体重比性状，这是今后肥肝生产的主要发展方向。

（二）性别及年龄

鹅填饲年龄不仅与肥肝重量有关，而且影响到胴体的质量和生产肥肝的经济效益。用年龄小的鹅进行填饲，育肥效果差；年龄过大，饲养成本增加。一般来说，掌握在体成熟以后，即肌肉组织生长基本完成时进行填饲比较合适，朗德鹅、浙东白鹅在 80～90 日龄开始较合适。

用成年和老年鹅生产肥肝，在填饲前要有 2～3 周的预饲期，在预饲期采用科学的饲养管理，锻炼鹅的消化器官，以便适应以后的强制填饲。同时公鹅填肥效果明显优于母鹅，一般公鹅肥肝重比母鹅肥肝重高 12% 左右。

（三）填饲体重

据试验，肥肝重与鹅填饲始重关系不大，而与填饲末重关系很大。在通常情况下，填饲期绝对增重高的，肥肝大。但填饲体重小，发育年龄相对较短，机体生长发育需养分多，养分转为脂肪在肝脏沉积就少，填饲效果不好。不同鹅品种种质不同，生长发育规律也不同，一般大中型体重在 5 千克左右，小型 3 千克以上开始填饲为宜。

二、填饲期与填饲量

（一）填饲期

在鹅生理允许范围内，肥肝大小随着填饲天数的延长而增加，但是填饲期越长，消耗的饲料和人工越多，所花费的成本就越大。因此，填饲期的长短，要根据不同品种、体况、生产成本和经济效益等进行综合考虑。一般填饲期为 3～5 周。填饲鹅消化力减弱，粪色改变、呼吸变深重时填饲就要结束。

(二) 填饲量

填饲量的多少直接影响肥肝的大小和质量。如填饲量不足，体内脂肪形成量少，脂肪不能快速在肝脏沉积，难以形成品质好的肥肝。体内形成的脂肪除供机体代谢需要外，依次在皮下、腹腔和肝脏沉积。鹅的填饲量因品种环境等因素差别较大，一般日填饲量 0.75～1 千克。一般填饲开始 3 天，日填饲量从总量的 50% 逐渐增加到 80%，填饲第 5 天，达到日填饲量，以后可以嗉囊内不积食、消化良好为标准酌情增减。

(三) 填饲季节

一般地说，填饲的最适气温为 10～15℃。气温达到 25℃ 以上，由于填饲鹅的热量不易散发，影响健康，填饲鹅的死亡率会提高，肥肝填成率下降，因此不能填饲。夏天填饲应有降温措施，在填饲室内安装喷淋装置或湿帘、冷风机等设施，使室温降至 25℃ 以下。鹅对低温的适应性较强，在 4℃ 的情况下，填饲也无不良影响；室温低于 0℃ 以下时要注意防冻保暖。一年四季中以秋季和冬季填饲效果最好。

三、填饲饲料

(一) 饲料选择

玉米是生产肥肝的最佳饲料，因其蛋白质含量低，能量含量高，大量饲喂玉米后，能在肝脏快速沉积脂肪，形成肥肝。据试验，玉米组平均肥肝重比稻谷组、大麦组、薯干组和碎米组分别提高 20%、31%、45% 和 27%。

玉米的颜色对填饲效果影响不大，但与肥肝的颜色有关。一般白色玉米生产粉红色肝，黄色玉米生产黄色肝。此外，在填饲饲料中配合少量植物性油脂，能加速肥肝的形成。

(二) 加工调制

实践证明，玉米粒和玉米粉的填饲效果也不相同。玉米粒比玉米粉的填饲效果好。填饲的玉米粒按加工方法有炒玉米粒和煮玉米粒之分。用这两种玉米粒填饲效果基本一样。随着填饲机械、技术的发展和规模增大，填饲饲料加工调制也在改变，粉状填饲料应用增加。

1. 炒玉米粒的加工 玉米经清除杂质后，倒入铁锅用文火翻炒。当玉米粒呈深黄色（八成熟）时翻炒结束，然后装入麻袋备用。填喂前用温热水浸泡1～1.5小时，待玉米粒表皮泡展为止。

2. 煮玉米粒的加工 玉米经清除杂质后，倒入开水锅内煮，锅内水面浸过玉米10～15厘米，待水烧开后再煮5～10分钟，将玉米捞出倒入料箱填饲。

3. 粉状填饲料加工 将填饲料加工成粉状，搅拌均匀后加水调成粉糊状，用填饲机填饲。粉状填饲料易于消化、便于添加添加剂及搅拌均匀，同时可以提高劳动生产率，降低填饲成本。

法国等一些国家在用玉米粒填饲时，常加入0.5%～1%的食盐和1%～2%的动、植物油脂，而我国生产肥肝，在玉米粒中一般只加食盐，不加油脂，其肥肝生产效果也很理想。目前我国各地所进行的肥肝试验或在生产中，有加油脂的，也有不加油脂的。然而，加油脂可增加饲料中的热能，而且起到润滑作用，便于填饲操作。为促进肝脏的脂肪沉积和代谢的正常，还可在填喂饲料中添加一定量的胆碱和少量的微量元素、其他复合维生素。有的还添加磷脂、氨基酸、酵母核酸等促进肝脏生长的营养素。添加活菌制剂可改善肠道生态环境，具有防止消化疾病发生、提高消化率作用。添加中草药有保护肝脏、增进填饲鹅健康的作用。

四、填饲方法

（一）预饲期

一般60～70日龄后的育成鹅或成年鹅要进行2～3周的预饲期。进入预饲期应先进行防疫和驱虫，剔除体重过小和不健康个体后进行舍饲。预饲期除供应优质青绿饲料外，每日每只鹅补饲精饲料200克。预饲期间保持较暗的光线和安静的环境，饲养密度控制在每平方米3～4只。

（二）填饲方法

预饲期结束后，进入填饲期。为了获得大而优质的肥肝，填饲期必须采用人工强制填饲的方法，使鹅每天摄取大量的高能饲料，使其在短期内快速肥育，并在肝脏中大量储积脂肪，形成肥肝。人工强制填饲一般用填饲机进行，电动填饲机因填饲饲料的料型不同，一般有螺旋推进式填饲机和压力泵式填饲机两种。用手工方法填饲鹅很困难，因为鹅嘴的上下颌开张角度小，而且上下颌边缘的皱襞锋利。所以用手工方法填饲鹅，一般要借助漏斗，先把漏斗从鹅口腔插入食管，再向漏斗中投料，一次投料不要很多，以防漏斗堵塞。填饲时，饲养员先用两腿保定鹅体，左手握住头部，右手分开上下喙，拉出舌头后，缓缓套在填饲管上，踩动填饲机将饲料慢慢填入的同时，将鹅头慢慢退出，左手将饲料慢慢向下捋，待饲料填至将近咽部时，填饲结束。刚开始填时，填饲管插入浅些，填量也由少到多。填饲和抓鹅动作要轻柔，避免鹅扑腾。

鹅的食管比鸭细而长，因此填一只鹅的时间比鸭长，又由于鹅没有嗉囊，食道容积小，要保证每天的填饲量，就需要增加每天的填饲次数。填饲次数开始时每天 2 次，填饲量和次数慢慢增加，最后达到日填饲 3～4 次，也有日填饲 6～7 次的。

（三）填饲期的饲养管理

加强填饲期的饲养管理，就是为鹅创造在短期内迅速育肥的适宜环境条件，有利于鹅及其肥肝的生长。填饲鹅以舍饲为好，圈外不设运动场，尽量避免外界干扰，保持环境安静；圈舍通风良好，地面平坦，并铺有垫草，粪便要及时清扫，保持地面清洁干燥；舍内饲养密度要适宜，一般每平方米为 2～3 只，每栏养 2～4 只，有条件最好单栏关养，严防互相挤压碰撞；圈舍内保证供给清洁饮水，水盆要经常刷洗、消毒。笼养填饲能提高填成率、填成效率和饲养密度。

五、影响鹅肥肝生产的因素

影响鹅肥肝生产的因素很多，但主要以品种、饲料和填饲技术为主。匈牙利专家研究认为各种影响因素对鹅肥肝生产效率的作用比例如下。

（一）遗传因素

鹅肥肝的遗传率很高，朗德鹅的肥肝重遗传率达 $0.5 \sim 0.6$。因此，选择适宜的肥肝生产鹅品种非常重要，它占鹅肥肝生产效率的 25%。

（二）填饲人员素质

肥肝生产的主要操作环节是填饲，填饲人员的熟练程度影响肥肝生产效率的 25%，几乎与品种同等重要。一般熟练人员 $1.5 \sim 2.5$ 分钟就能填饲 1 只鹅，并能从填饲过程中感知鹅的生物学耐受力，从而调整填饲的数量和次数，能减少填饲损失和损伤，保证了生产肝的品质。

（三）填饲技术

采用适宜的填饲技术对肥肝生产效率影响达到 20%。填饲机械、填饲方式、填饲规模等需要不断研究改进提高。

（四）饲料

选择好的填饲饲料，配以合理的添加剂，对肥肝生产效率影响度为 15%。选择品质好的玉米经炒和煮后，添加适量的食盐、脂肪、维生素，能提高肥肝生产性能。目前采用粉状填饲料替代颗粒填饲料，可降低料肝比，增加肥肝重。

（五）鹅龄

鹅的年龄对肥肝生产效率的影响度为 15%。一般要求填饲体重达到 4 千克以上才能获得好的填饲效果。在季节上以冬季为好，春、秋也可进行，但夏季高温不适宜填饲。

（六）填饲时间

填饲的天数和每天填饲次数影响鹅的肥肝品质和大小，一般填饲的天数和每天填饲次数越多，肝重越大，质地变脆。填饲的天数和每天填饲次数受鹅个体承受能力影响，且填饲的天数增加，饲料消耗加大，料肝比上升。

> **小知识——鹅肥肝形成的生理基础**
>
> 禽类在生命活动中（长途迁徙），为了确保迁徙过程的能量消耗需求，迁徙前临时在肝脏中积累高能量的脂肪，肝脏中积累的高能量脂肪中不饱和脂肪酸比例高，与体脂肪积累相比，高能值易分解利用。迁徙途中，肝脂肪被不断消耗利用，迁徙结束后肝脏中脂肪含量恢复正常，这是一种生理性可逆的而非病理性变化的过程。鹅的祖先是大雁，有长途迁徙的习性，也拥有肝脏脂肪临时积聚的生理特性。鹅肥肝生产就是模拟鹅的生理习性，通过不断选育，形成了现有的肥肝生产鹅品种，通过填饲的方法，使过剩的能量以脂肪形式沉积于肝脏，形成鹅肥肝。

？案 例 >>>

安徽霍邱的肥肝产业发展

20世纪80年代，我国开始肥肝生产，但当时以国内品种为研究、生产对象，肥肝产品的总体性能不尽如人意，以致未能发展。90年代后，我国引进了朗德鹅等肥肝生产专用品种，促进了肥肝产业的再度发展，但因肥肝消费市场处于起步阶段，肥肝生产企业规模较小，并形成以价格为手段的低水平恶性竞争，造成企业效益难以保证，很多企业只能停止生产。在此过程中，这些肥肝生产企业的填饲工，较多来自安徽霍邱，他们在企业停产后回家，开始尝试家庭小规模间断性填饲生产肥肝，由于生产方式灵活、成本低，慢慢形成地区性集聚，填饲户达400多个，出现了一些肥肝生产销售龙头，在当地政府的扶持下，形成肥肝产业。现在年填饲量200多万只，产值近10亿元，约占全国肥肝产值的20%，与山东省临朐并列为我国肥肝产业最大地区。

专题四　种鹅饲养管理

做好种鹅各阶段管理是鹅繁育工作的基础，直接关系到整个养鹅业的兴旺。鹅的繁殖有明显的季节性，目前多从"早春鹅"和"清明鹅"中选种，这样选入的种鹅在夏季休蛋期前就可开产，头窝蛋因个体小、发育不全，不能作种蛋，而此时的雏鹅价格也为最低。到下半年产"白露蛋"时，马上就可作种用，此时的雏鹅价最高。因此，这个留种方法的经济效益最佳。

一、后备鹅

(一)选留季节

在 70 日龄左右的育成鹅群中选留后备鹅。华东地区的后备鹅选留季节一般在 6 月中下旬，这时选留的鹅育成期饲料充裕，生长发育好，至 11 月下旬开产，春节前可产蛋孵化，接上养殖季节。浙江地区应在 3 月上中旬选留，至休蛋期（6 月）前产下头窝蛋，休蛋期过后，10 月所产蛋重已基本达到孵化要求，使种鹅当年就可利用，产种蛋量增加。南方地区选留季节还可适当提早 1~2 个月。东北地区则 9~10 月选留为宜，第二年 5~6 月可生产种蛋，正适合于孵化和肉鹅饲养季节。选留种鹅时还应注意有的品种公鹅性成熟期比母鹅早，根据品种要求和生产季节，公鹅可比母鹅迟选留 1~2 个月。

(二)饲养

后备鹅仍处于生长发育期，为提高其今后的种用价值，必须加强管理，既保证后备种鹅的正常发育，又要防止育肥或造成性成熟过早，影响成年体重和产蛋能力。后备鹅为保证其正常的生长发育，不宜过早粗饲，对放牧的鹅应每日补喂精料 2~3 次，补饲的精饲料、青绿饲料比例以 1：2 为宜。大型鹅种 110~130 日龄，中小型鹅种 90~120 日龄后开始转入粗饲（限制饲养），在粗饲期间促使种鹅骨架的继续生长，并控制性成熟期，做到开产时间一致。

对放牧的鹅应吃足青绿饲料，一般不喂精料。舍饲的也以青绿饲料为主，适当添加以糠麸饲料为主的粗饲料和其他必需营养成分。后备鹅在正式开产前 30 天左右应开始加料，数量由少增多，在产蛋前 7 天加喂到产蛋期的饲料量。

（三）管理

在后备鹅管理上先要做好调教合群工作，便于今后管理。根据饲养要求，可采用公母分开或混合饲养方式。舍饲的鹅群要有适当的运动场面积，保证其一定的运动量，保持体格的健壮和避免活动不足引起的脂肪沉积，影响繁殖性能发挥。限制饲养期间应按免疫程序进行免疫接种和体内外寄生虫的驱除工作。同时，为促使换羽保证今后产蛋一致，在后阶段可进行诱导换羽。后备鹅接近产蛋期时要求全身羽毛紧贴，光泽鲜明，尤其是颈羽显得光滑紧凑，尾羽和背羽整齐、平伸，后腹下垂，耻骨开张达 3 指以上，肛门平整呈菊花状，行动迟缓，食欲旺盛。公鹅达到品种的成熟体重要求，外表灵活，精力充沛，性欲旺盛。在开产前还应准备好种鹅产蛋窝，对新母鹅的产蛋窝内还应放些"样蛋"，以防开产后母鹅到处乱生蛋，引起种蛋污染。

二、产蛋鹅

（一）饲养

产蛋期种鹅饲养是关键，决定产蛋量和种蛋品质。产蛋鹅饲养一般以舍饲为主，有条件的还可进行适度放牧。产蛋期饲喂次数一般每日 3 次，产蛋高峰期可在晚上补喂 1 次。产蛋种鹅营养必须保持充足供应，一般中小型鹅品种的日精料饲喂量为 120～200 克，大型鹅品种 200～250 克，运动场中堆放砂砾和贝壳，精料中注意蛋白质补充，最好能添加 0.1％蛋氨酸，同时要确保青绿饲料的满足供应。

精饲料补充要满足产蛋鹅营养需要：一是察看产蛋前种鹅的营养状况，体重过小的比常规补料量要多，体重过大的则相应减少。二是看种鹅的行为状况，采食欲望较强的，排出的鹅粪粗大、松软呈条状，表面有光泽，表明营养和消化正常，补料比较合理；采食欲望不强，鹅粪细小、发黑，有黏性，表明精饲料补充过多，需要适当减量，并增加鲜草喂量。三是在产蛋期间，畸形蛋增加、蛋重下降，说明精饲料不足，并增加补充料中的蛋白质含量，并注意氨基酸的平衡。对种公鹅在配种期间要喂足精料和青绿饲料，有条件的应单独饲养，并加强种公鹅的运动，防止过肥，保持强健的配种体况。浙江省象山县民间为使公鹅在母鹅开产前有充沛的精力配种，在配种前10天左右和配种期间每只公鹅加喂生地（3～5克）、荔枝或桂圆干2～3枚，或枸杞子3～5颗、六味地黄丸1～2克，以补阴养精，提高受精率。

（二）管理

1. 产蛋管理 产蛋前期在管理上要及时查看产蛋情况，注意产蛋量的上升情况；按繁殖要求确定配种方案，保证种蛋的受精率。对所产种蛋应及时收集、除污、消毒和贮存，特别对个别母鹅在产蛋窝外产蛋的，要立即拣走种蛋并消除产蛋环境，否则不便于管理和种蛋质量的保证。种鹅舍保持清洁、卫生、干燥。产蛋窝填草柔软干燥，发现赖抱母鹅占窝要随时移出。在上午产蛋期间，尽量保持环境安静。

母鹅初产、产蛋高峰或产双黄蛋、泄殖腔损伤等原因会引起脱肛，输卵管阴道部外翻，露出泄殖腔，易引起污染或遭其他鹅啄而感染，应及时淘汰。

2. 光照控制 在临近产蛋时延长光照时间，可刺激母鹅适时开产。种鹅饲养中要注重光照控制，以促进产蛋、减少就巢性，从10月以后，可在鹅舍（非露天关养的鹅群）适当开灯补充光照后，再达到基本稳定或逐渐缩短，最后光照范围在每天12～14小时，能提高部分产蛋率。

3. 就巢管理 如浙东白鹅等品种都有不同程度的就巢性，要加强母鹅恋巢期的管理，对自然孵化的母鹅在孵化结束后，进行日夜加料，任其吃饱尽快恢复体质，为产下一窝蛋打下基础。如不进行自然孵化的就要采取醒巢措施。人工醒巢就是把就巢母鹅在产蛋窝或就巢窝里移出，放在有水的光线充足处关养，还可进行断水断料（气温高时不可断水），以促进醒巢。另外，可用醒抱灵等药物醒巢，但使用药物醒巢时，一定要在刚出现就巢性时马上进行，否则影响醒巢效果。

4. 公母分开 对较小规模鹅场提倡公母分开饲养，加强种公鹅饲养管理，并设定固定的配种时间，以保持其旺盛的性欲，提高种蛋受精率。公母混养的也应采用人工辅助配种等方式增加公母配种机会。对产蛋期采取放牧的，要求母鹅产蛋尽量集中，并在产蛋结束，上午10时后进行放牧，放牧场地应离鹅舍较近且比较平坦，放牧时因母鹅行动迟缓，应慢慢驱赶，尤其是上下坡时，更应防止跌伤。

5. 鹅场保温 鹅抗寒性能好，种鹅在南方地区可露天关养，而北方地区，因冬季气温过低，需要进行保温。为节约成本，可搭塑料暖棚关养，有条件的，在晚上暖棚内可适当加温。

三、错季繁殖种鹅

（一）饲养

错季繁殖种鹅需要人工调节光照，饲养管理措施要与光照处理模式适应。在自然生产情况下，种鹅于4～6月停产，再于9月开产，其休蛋期大约为2.5个月，鹅群在一年中完全没有蛋的时间一般为55～65天，因此如果要使鹅在4月上旬或3月开产，一般按2个月的休蛋期计算，应该使鹅在3月上旬或1月中下旬停产。再按照鹅还必须接受30～40天的长光照处理才能停产，因此最早的处理必须于1月中旬开始甚至更早地于12月上、中旬开始。鹅在接受长光照时，可能会表现出产蛋率升得很高的现象。同时，还会表现出减少采食量的现象，由于鹅在此时产蛋高而采食量低，会出现软脚问题，甚至完全不采食而死亡。因此这一时期需要喂营养价值高一些的饲料，最好是在光照处理后一开始就加入20%～30%的种鹅料或蛋鹅料，以防止这一问题的发生。在鹅出现软脚问题时，需要将其隔离，白天多晒太阳，并可注射维丁胶性钙，增加钙的吸收利用；如软脚问题与病原有关，还需注射抗生素。在鹅接受长光照处理后约 30 天，鹅会开始脱掉小毛，到光照处理后第 30～35 天（从开始点灯处理算起的第 30 或 35 天），此时也已经开始停蛋了。于光照处理后 35～40 天，可以拔去公鹅大毛（主、副翼羽和尾羽）。母鹅在长光照处理后 35～40 天基本处于停产状态，每天只有很少一些鹅蛋产出。但在长光照处理 50 天左右，又会表现出大规模脱掉小毛的现象，应该继续长光照使这些小毛继续脱掉。然后在长光照处理后 55～60 天（比公鹅晚 20～25 天），拔掉母鹅的大毛。此时母鹅的饲料供应控制在每天 125～140 克稻谷（有青草可以减少饲料或稻谷用量），以推迟其大毛生长或使鹅群羽毛生长更为集中一致，从而使母鹅不要过早产蛋，使母鹅的产蛋与公鹅的生殖活动恢复同步，从而减少无精蛋发生。当母鹅开产后，应该给予营养价值较高的饲料，提高鹅饲料中的蛋白含量；或者在第一鹅开产时，在饲料中加入 20% 的蛋鹅料，然后随着产蛋量的上升，在每天产蛋率达到 20% 以上时，在饲料中加入 30% 到 40% 的蛋鹅料。每隔 5 天，添加一些多种维生素。在产蛋高峰以后，要相应减少蛋鹅料的使用。6 月份天气炎热时，产蛋母鹅容易发病，应多喂多种维生素等抗热应激添加剂。要经常性地添加一些抗生素，以防止炎热季节细菌繁殖太快而造成传染病暴发。

（二）管理

1. 公母鹅分开管理　在长光照开始处理后 55～60 天，开始将公母鹅分开，把公鹅的光照时间缩短为每天 13 小时，即晚上 7 点钟关灯，早晨就不用开灯了（假定早晨 6 点钟天亮）。而此时母鹅的光照时间仍然维持在每天 18 小时，再过 4 周或 30 天左右，把母鹅的光照时间也缩短为每天 13 小时（与公鹅的一样），并使公母鹅混合在同一群体。此时稍稍增加一些饲料（每天 150 克），预计再过 3 周左右母鹅即可开产。开产时种蛋的受精率达到 30% 以上，再过几天可以达到 80%。夏季产蛋，要在运动场上架遮阳膜，同时保持良好通风，降低炎热的不良影响。

2. 公母鹅集中管理 如果母鹅拔毛比公鹅晚 25 天，可以一直使用长光照，即将长光照处理一直进行到第 75～80 天，此后缩短光照可以每 3 天缩短 1 小时（每隔 3 天从原来的晚上 12 点关灯改为提前 1 小时关灯）。预计再过 3 周左右母鹅即可开产。这样做的好处是不需要分开公母鹅，但可能鹅蛋的受精率会受一点影响。产完蛋的抱窝鹅，其光照处理与产蛋鹅一样，白天放出鹅舍外，夜间同样需要关进鹅舍内缩短光照，这样可以持续保持和促进其生殖器官处于发育状态，使其可以尽快进入下一轮产蛋高峰。

四、休蛋鹅

(一) 换羽

鹅每年都有休蛋期，一般种鹅在 5～6 月后，开始进入休蛋期。进入休蛋期种鹅群产蛋率和种蛋品质下降，母鹅羽毛逐渐干枯开始脱落，体重下降。种公鹅生殖器官萎缩、配种能力下降、体重减轻，也出现换羽现象。

当种鹅休蛋并开始换羽时，为便于鹅群的一致性和提早产蛋，可采用诱导换羽的办法，达到统一换羽的目的。拔羽一般先拔主翼羽、副翼羽，后拔尾羽，并可拔去腋下绒羽（绒羽的经济价值较高，可以利用）。拔羽一般公鹅要比母鹅提前 10～20 天，拔羽应在温暖的晴天进行，拔羽前后要加强营养和管理，并在饲料中添加抗生素、抗应激和防出血药物，拔羽后当天不能下水，以防毛孔感染。强制换羽后一般鹅群产蛋整齐，并能提早产蛋，增加产蛋量。

(二) 饲养管理

休蛋种鹅可进行放牧，舍饲的也以喂青绿饲料为主，适量添加一些糠麸类粗饲料。休蛋期饲喂次数 1 天 1～2 次，有条件的在休蛋期可自然放牧，不再补饲。至母鹅产蛋前 30～40 天开始加料，饲料数量和质量由少增多、由低增高，至产蛋前 7 天达到产蛋料水平。公鹅加料应比母鹅提前 15 天，以确保配种。

> ➡ **小知识——评价种蛋的质量指标**
>
> 鹅蛋质量指标包括蛋形指数（蛋的纵径与横径之比）、蛋壳强度、蛋壳厚度、蛋壳颜色、蛋密度、蛋白高度（哈夫单位）、蛋黄色泽、蛋的血斑和肉斑比例等。鹅种蛋繁殖指标包括受精率、死胚率、孵化率等。

❓案 例 >>>

夏季繁殖的降温措施

在南方夏季，传统养鹅正处于休蛋期。为了确保全年有肉鹅养殖，需要实行错季繁殖。夏季炎热天气严重影响种鹅产蛋、受精，因此，鹅夏季繁殖需采取降温措施。夏季降温分舍内和舍外降温。舍内降温现在一般采用湿帘负压降温，操作简单，效果较好，但投入较大，如舍内分栏隔离的，会造成鹅群受温不均匀。舍外降温主要是运动场搭遮阴篷或种植遮阴树，水池用水采用地下水（井水）或深层河水，并保持流动。

专题五　生态养鹅模式

一、种草养鹅模式

（一）鹅种选择

良种是种草养鹅的基础，鹅品种选择要以高效、优质为原则，形成鹅良种繁育和推广体系，保证鹅种品质和供应。

1. **市场需要**　根据市场对不同类型鹅产品需求，选择饲养品种。

2. **饲喂牧草**　根据种草养鹅地区气候环境和种草土地生产的牧草，相应选择适应牧草采食的鹅品种。

3. 生产环境 根据不同鹅品种对种草地区气候环境和养殖方式（习惯）的适应性，对应选择鹅品种。

（二）牧草供给体系

根据所在环境、土地类型和鹅对牧草的适口性，选择种植牧草品种和种植方式，并根据季节编制牧草轮供计划。西北和东北地区一般在温暖季节集中生产收获，按照鹅场牧草需求计划，进行青贮、干制等不同的加工调制，实现牧草供给体系。南方地区则选择高产优质牧草品种，做好各茬搭配，避免淡旺季产量差异过大。在亚热带地区，可以确定春秋季播种牧草主品种，搭配季节更换牧草供应淡旺季平衡的补充牧草品种。如浙江省象山县种草养鹅形成的"紫花苜蓿→黑麦草→紫花苜蓿→饲用高粱"的牧草四季均衡供给体系，秋播品种黑麦草利用期为11月到翌年5月，其中2～4月为旺季。春播牧草品种饲用高粱（墨西哥玉米、杂交狼尾草等）利用期为5～10月，6～9月为旺季。紫花苜蓿利用期9月到翌年6月，10～12月、3～5月为旺季，再根据鹅场具体需要，搭配籽粒苋、菊苣、苦荬菜等叶菜类牧草，有水面条件的搭种水生牧草，完善牧草生产供给体系，基本做到全年牧草均衡供应的种草养鹅模式。

（三）技术措施

鹅草结合是养鹅之关键，做好牧草养鹅综合饲养管理，研究牧草饲料配方和适宜的饲养规模、疫病防治技术，找准鹅与草的有机结合点，形成生态型综合饲养管理技术体系。

1. 制定牧草生产计划 计划包括种草土地面积与质量、气候条件，选择牧草品种、牧草调制方式，确定养鹅规模与饲养方式、商品鹅出栏时间数量或种鹅休蛋产蛋期等。

2. 牧草栽培技术 耕作播种、田间管理、收获。

3. 牧草调制技术 放牧、鲜草饲喂、鲜草加工配合饲料、粉（切）碎、青贮、干制。

4. 鹅粪利用 堆积发酵后作基肥施用。

5. 鹅场水循环利用 鹅场废水的生态自净和草地消纳利用，生态循环利用结合牧草地需水要求，灌溉配套牧草地。

二、"鱼鹅"立体养殖模式

(一) 养殖形式

1. 塘外养鹅 在鱼塘附近搭建鹅舍，舍外设鹅的活动场所和废水池。每天将鹅粪和鹅泼溅的饲料扫入活动池中，然后通过废水池的闸门把废水流入鱼池。塘外养鹅便于管理，但不能充分发挥鱼与鹅的互利关系。

2. 鱼、鹅联养 在鱼池的堤埂上建鹅舍，用部分堤面和池坡作鹅的活动场，鱼池一旁用网片围一定面积鱼池作鹅的游泳场，水中的拱网不拱到底，以供鱼类从网底游入摄食。这样较之将鹅放在全池活动为佳，因其对鱼干扰较小，也便于管理，一般上网高出水面40~50厘米，下部距离水底40厘米。养鹅的密度为鹅舍和活动场平均每平方米3~5只，游泳场2~3只。鱼、鹅联养中鹅的配养数，主要决定于鹅的排粪量。一般1只鹅年产粪为120~150千克，故每亩可配养50~60只鹅。

(二) 养殖管理

1. 选择活水鱼塘 鹅一旦下水时间过长，会使池水长时间混浊，易导致池内的成鱼发病，甚至出现死亡。当然，如果鱼塘虽不是活水，但面积比较大，鹅下塘后不会导致水长时间混浊，那么也可以进行鱼鹅混养，达到肥水养鱼目的。

2. 合理投喂鱼料 给鱼投喂饵料时，应禁止鹅下水，这样做既可防止鹅吃鱼饵料，也可避免鹅长时间下塘戏水，扰乱鱼的正常采食。特别是夏天，饵料容易变质，投喂后若不能马上吃完，易发生鱼病。另外，投喂饵料时，既要坚持按照定量、定质、适时原则喂鱼，又要根据水温变化、鱼的生长及吃食情况，不断调整投饵量，促进鱼鹅双丰收。

(三) "鱼鹅"立体养殖效益

鱼、鹅混养，对养鱼农民来讲是有利的科学养殖方法。养殖户可充分利用现有的水面和土地资源，进行生态开发利用，做到养鹅养鱼双丰收。鹅粪的肥效较人畜粪高，对鱼增产效果好，据计算每养一只鹅增产鱼 5kg。"鹅鱼"混养的养殖户，除养鱼每亩获纯利 6 000～10 000 元外，养鹅每亩可收入 5 000～8 000 元，除去成本后，所获利润大大超过水面单养鱼类的收入。鱼、鹅综合养殖与鱼、牧经营的各种类型比较，其经济效益是最高的。

三、"稻（草）鹅"养殖模式

（一）"稻鸭鹅"生态种养模式图

单季水稻一般 5 月播种，在秧苗扎根时，可以放养雏鸭；水稻在抽穗前（9 月）鸭子可以出售作商品肉鸭或后备产蛋鸭。鸭子在稻田中采食杂草、昆虫，达到除虫、除草作用，同时，鸭子在稻田中活动，起着松土、透气作用，鸭粪可以作为有机肥。一个稻期刚好为鸭子的饲养期，并以此实现水稻生产不用农药和化肥，产出的生态稻米市场价格远高于普通大米，达到种稻创收目的。

水稻收割前 1 个月，水稻搁田后套种黑麦草（或与紫云英混播），水稻 10～11 月收割，黑麦草生长，实现绿色过冬。1～2 月黑麦草生长旺盛时，开始养鹅，进行黑麦草稻田放牧或刈割饲喂，至 5 月一般可以养 1～2 期商品肉鹅。形成生态循环，生产商品肉鹅的同时，黑麦草残留和鹅粪翻耕后，土壤氮磷钾养分提高，增加土壤有机质含量和土壤孔隙度，有力促进后作水稻的生长，实现提质增产（图 4-2）。稻田种草养鹅节约饲料成本，提供优质产品。

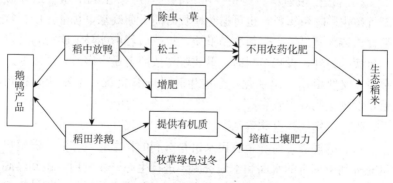

图 4-2 "稻鸭鹅"生态种养模式

（二）"稻鸭鹅"生态种养模式参数

1. 稻米产量 生态稻米 400 千克/亩，米价比常规种植提高 50% 以上。

2. 养殖品种 推荐饲养品种鹅为浙东白鹅，鸭为绍兴麻鸭。

3. 饲养时间 鹅 60～70 天，鸭 70～80 天。

4. 饲养密度 鹅 20～50 只/亩，鸭 10～20 只/亩。

5. 出栏体重 鹅 4 000 克以上，鸭 1 400 克以上。

6. 产值实现 种植、养殖收入 7 000～10 000 元/亩。

四、"虾（草）鹅"养殖模式

（一）模式图

1. 模式流程 虾苗投放（3 月）→大棚对虾第一茬养殖（3～5 月）→对虾起捕（5 月）→大棚对虾第二茬和普通池塘养殖（6～9 月）→对虾起捕（10 月）→种植黑麦草（10～11 月）→饲养肉鹅（大棚池塘 11～3 月，普通池塘 11～6 月）→虾苗投放（3 月）。循环生产时间布局见图 4-3。

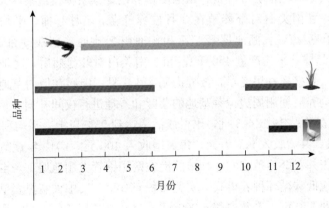

图 4-3 循环生产时间布局

2. 方法 10～11 月对虾起捕后，放干池塘水，直接播下黑麦草种子，普通露天池塘要在池中起排水沟。到 12 月可以收割养鹅，放牧可以提前1个月。普通露天池塘比大棚迟1个月。放牧的要分区块进行，待鹅采食差不多了，转移到新的区块放牧，原来区块让牧草生长。3月虾苗投放前0.5～1个月，养鹅结束，池塘直接放水，分解黑麦草根系和遗留塘中的鹅粪，培植浮游生物，供虾苗饵料。

（二）"虾（草）鹅"模式的低碳成效

1. 增加单位面积土地的经济效益 "虾草鹅"低碳循环种养生产投入少，产量、收入稳定。虾塘种植黑麦草的栽培技术简单，用工少，只需要排干塘水，撒下黑麦草种子即可。虾塘内的黑麦草，低于地平面，冬天北风吹不着，且有的虾塘还有大棚薄膜覆盖，室内温度高于10℃，适宜于黑麦草营养生长，同时，塘底土壤因对虾养殖后残余饵料和对虾排泄物的沉积，底质肥沃。气温适宜，土壤肥沃，黑麦草处于生长旺季，其产量比同期的普通大田高1～3倍，肉鹅饲养的单位面积承载量增加50%。

浙江省象山县石昌鱼种场2009年进行循环种养试验池塘408亩，其中大棚池塘238亩种植黑麦草养鹅，其余种植蔬菜。大棚池塘第一茬南美白对虾养殖在3月放养虾苗，5月起捕，平均产量430千克/亩，大棚池塘第二茬和普通露天池塘养殖在6月放苗，10月起捕，平均产量450千克/亩。南美白对虾起捕后，将池塘水放干，直接播种黑麦草，放养肉鹅4 000只。肉鹅在塘内草地上放牧，饲养后期用周边蔬菜基地的菜叶和谷糠进行夜间补饲，每年可以养殖商品肉鹅2～3批，出栏成活率达到95%以上，平均利润25元/只，共增收入9.5万元，每亩增收入400元。2010年该鱼种场建设兼并对虾养殖和农业种植的渔农两用钢管大棚池塘135亩，继续实施低碳循环种养模式，实施面积600亩，其中种植黑麦草面积增加到350亩，养殖白鹅6 000只，南美白对虾产值9 620元/亩。由于解决了黑麦草塘排水技术、草地轮流放牧办法等问题，养鹅收入增加到587元/亩（表4-2）。

表4-2　每只肉鹅效益核算表

收支	项目	2009年	2010年	备注
收入	出栏体重（千克）	4.06	4.11	
	每千克售价（元）	18.00	19.50	
	产值（元）	73.08	80.15	
支出	雏鹅价格（元）	22.00	21.00	价格冬季较高
	种草成本（元）	2.30	2.25	黑麦草种子和播种用工
	补饲成本（元）	16.18	14.13	蔬菜下脚料收集和谷糠
	用工工资等（元）	7.50	6.80	包括1.5元防疫、折旧
	小计（元）	47.98	44.18	
利润（元）		25.10	35.97	

2. 充分利用闲置土地资源　以往对虾养殖池塘在虾起捕后，完全闲置，土地资源和农村劳动力资源没有得到充分利用。根据南美白对虾养殖周期、黑麦草生产和浙东白鹅养殖季节，安排合理的种养循环方案，保证土地得到充分利用。通过淡水池塘土地种草养鹅的二次再利用，提高了土地利用率和产出率，增加养虾户的生产收入。

3. 改善农牧生产的生态环境　池塘养殖对虾后，塘底沉积物腐败形成的淤泥中，含有硫化氢、氨等对虾有害的物质，对虾养殖期池塘水质容易恶化，池塘环境较差，对虾发病频繁。因此，以往对虾起捕后，还需要花费劳力，增加药物投入，进行清塘消毒或晒塘处理。通过种草养鹅循环，黑麦草发达的须状根系能把底质中对虾有害物质转化为养料吸收，黑麦草饲喂或放牧肉鹅，将塘底有害物质转化为鹅肉。在达到清塘目的的同时，留下的牧草根系和部分鹅粪，在下季养虾时，增加塘内有机质含量，促进水中微生物生长，提高塘水的肥度，丰富对虾饵料，加快对虾生长，"鹅-草-虾"形成了一个良好的生态循环体系。

4. 虾塘底质的改良效果　对石昌鱼种场虾塘对虾捕捞后、黑麦草成熟期和对虾养殖前池塘底质进行土壤取样，检测土壤中氮、磷含量。检测结果，通过黑麦草种植，池塘底质总氮和总磷含量分别降低 54.14％和 65.76％，比种植蔬菜的氮、磷减量效果要好，幅度分别达到 30.14 和 37.67 个百分点。表 4-3 中可见，12 月黑麦草已进入旺长期，氮、磷吸收利用率分别为 43.03％、30.43％，后期磷吸收水平明显高于氮的吸收；而种植蔬菜后期底质的氮、磷含量不能下降，尤其是磷的利用能力显著低于黑麦草。池塘底质得以改良，还控制了清塘淤泥的排放，减少养殖污染排放，降低对周围环境污染。

表 4-3 池塘底质检测结果

循环种植类型		黑麦草			蔬菜		
取样时间		9月24日	12月6日	3月29日	9月24日	12月6日	3月29日
总氮	含量（毫克/千克）	4.95	2.82	2.27	2.00	1.31	1.52
	降幅（％）	—	43.03	54.14	—	34.50	24.00
总磷	含量（毫克/千克）	1.84	1.28	0.63	0.89	0.58	0.64
	降幅（％）		30.43	65.76		34.83	28.09

五、林下养鹅模式

经济林（果）地种植牧草，地上部分喂鹅，地下部分作为有机绿肥，鹅粪发酵后做经济有机肥用，污水进入竹林和林木苗圃，实行就地消纳利用。对林下养鹅的天然林、次生林、人工林一般要求地势较缓，以山坡、丘陵和平原林地为宜，具有良好的通风透光性，并有一定水源，尤其具有丰富嫩草的广阔林地为最佳，这样的环境可为养鹅提供广泛的饲草来源，留下的鹅粪作为林地的有机肥。

（一）场地选择

要考虑当地森林环境条件、鹅的生产目的、饲养规模和饲养方式等综合因素，因地制宜做好计划，以达到降低生产成本，提高养鹅效益的目的。

1. 林地选择 天然林、次生林、人工林的生态林及经济林（果树等）森林下均可以养鹅，一般要求在林木密度为 3 米×（4～5）米、树龄 3 年以上、郁闭度 0.5～0.7 的林地放养。幼树林可以种草养鹅，落叶林可以在秋季落叶之前播种牧草，果园林下种草养鹅与土壤培肥相结合。

2. 濒临水面 鹅需游水场地，水面尽量宽阔，周边环境安静。

3. 地势高燥 鹅舍应建在高燥平缓、排水良好的林地；放牧林地不积水，无地质、气象灾害发生的风险。

4. 坐北朝南 鹅舍尽量朝南或偏东南。鹅舍周围森林郁闭度要低，以便阳光透入。

5. 草源丰富 丰富的草源是林下养鹅的基础。鹅舍附近能有较宽裕的牧草生产地或林间草场，有利于鹅的放牧，节省饲料，降低成本。因此，森林郁闭度过高地区，由于缺少光线，林下草生长不良，影响鹅的生长。

6. 交通便捷。

（二）饲养管理

1. 育成鹅放牧 育雏结束就可以放牧，放牧初期，选择在鹅舍附近的林地，一般上下午各一次，中午赶回鹅舍休息；根据鹅的采食高峰在早晨和傍晚，因此放牧要尽量做到早出晚归，使鹅群能尽量多食青草。放牧林地要选择鹅喜食的优良牧草，要有清洁的水源。牧归需要补饲，加快生长。在放牧过程中要防中暑雨淋，中午在树荫下休息；50 日龄以下中鹅，遇雷雨、大雨时不能放牧，及时赶回鹅舍；森林发生病虫害需要施农药防治的，鹅群必须迁移，至少要经过一次大雨淋透，并经过一定时间后，才能返回放牧。放牧时要让鹅自由走动，不应过多驱赶鹅群，尽量不要在坡度过大的林地放牧，归牧时防止丢失。放牧鹅群一般以 200～500 只为宜，面积较大的经济林，也可在 700～1 500 只，但放牧人员要充裕。

2. 育肥林下放牧 鹅需要育肥，育肥期一般 10～14 天。其间日喂 3 次，夜间 1 次。喂富含碳水化合物的谷物类为主，加一些蛋白质饲料，也可使用配合饲料与青绿饲料混喂，育肥后期改为先喂精饲料，后喂青绿饲料。育肥期要限制鹅的活动，控制光照与保证安静，充足饮水，减少对鹅的刺激。

3. 产蛋鹅产蛋 种鹅饲养一般以适度放牧和舍饲结合，放牧距离不能过远，否则会运动过度影响产蛋，应在相对平坦的林地放牧，饲养地应选在林间草地，阳光充足。

4. 休蛋期放牧 休蛋种鹅可进行较长距离放牧，根据林下牧草的丰盛程度，适量添加一些糠麸类粗饲料，牧草充足的可不再补饲。至母鹅产蛋前 30～40 天开始加料，饲料数量和质量由少增多、由低增高，至产蛋前 7 天达到产蛋料水平。公鹅加料应比母鹅提前15 天，以确保配种。

六、草原轮养模式

天然草原牧鹅是拓展养鹅途径的一个新模式，也是增加草原地区农牧民收入的新门路。

(一)草原要求

1. 牧鹅草原 要求平坦，饲草资源良好，附近有水源。放牧地周边无污染源。

2. 交通便捷 放牧草原有出入汽车路，与公路主干道较近，便于管理和运输。

3. 设施齐全 放牧场地要有鹅舍或鹅棚，用于鹅群避暑、避风雨和休息。如需要育雏的，要有保温条件的育雏鹅舍。

(二)放牧管理

1. 选择品种 选择生长速度快、抗病力强、适应放牧和草原气候条件的品种，不能盲目引种，新品种引进要进行适应性试验。根据草原放牧特点，选择类型主要以肉鹅为主。

2. 放牧季节 放牧季节根据不同草原气候条件，因地制宜选择，一般在 5～6 月开始放牧，此时气温 15℃以上，适宜鹅生长，牧草也处于生长期，利于鹅采食。9～10 月结束。部分鹅采食优势牧草比例不高的草原，在适宜季节，可以有针对性地选择鹅适口性

佳、适应性强、草产量高的牧草品种，对草原进行适当改良，提高
草原放鹅的效率。

3. 规模与密度 根据放牧草原的大小范围和牧草资源状况，
制定养殖计划，确定养殖类型和规模，控制适宜密度，每亩 2～5
只，每年饲养 2～3 批。实行轮牧、轮休制度，保证草地牧草再生，
减少鹅病发生。

4. 饲养管理

（1）统一育雏 为了节约养殖成本，提高育雏率，最好采用统
一育雏方式，待鹅 4 周龄后，直接送到草原放牧饲养。

（2）调教训练 为便于放牧管理，放牧前要进行调教训练，如
用固定竹竿驱赶，吹口哨集合、归牧和喂料。

（3）放牧管理 鹅群晚上在舍内或棚下过夜。放牧鹅群规模在
100～500 只为宜，放牧时遇到恶劣天气，尽快让鹅群进入棚舍躲
避。放牧区放置清洁饮水，牧归进行补饲。

（4）预防兽害 要有防止狼、狐狸、鹰、鼠等兽害等措施。

5. 防疫卫生 做好放牧环境的清洁卫生，鹅舍及周边环境、
用具进行定期消毒。加强粪便、采食量、精神状态等鹅群日常健康
状况观察，发现异常及时处置。对主要危害疫病制定免疫程序按时
预防免疫。做好病死鹅无害化处理工作，发现重大传染病发生的，
应立即报告当地动物防疫管理部门，按疫情处置要求予以扑灭。

⊙ 小知识——养殖模式

指在某一特定条件下，使养殖生产达到一定产量而采用的经济
与技术相结合的规范化养殖方式。养殖模式的条件、生产方法和应
用技术已经过成功的实践证明，并进行提炼总结。养殖模式形成一
定的标准和规范，具有示范性，便于养殖对象学习、参照。生态养
鹅模式关键是生态，基础是规模，具有不同生态养殖模式条件的地
方均可参照施行，以获得更好的经济效益。

② 案 例 >>>

国家水禽产业技术体系对种草养鹅
技术模式的转型升级

　　鹅有喜好采食牧草的习性，优质充足的牧草供应是实现鹅规模化、集约化养殖的关键环节。崇明岛地处长江口，是中国第三大岛，也是中国最大的河口冲积岛，被誉为"长江门户、东海瀛洲"，地势平坦，土地肥沃，林木茂盛。岛上 20 万亩林地苗木，每年要花钱除草。肉鹅品种改良岗位和上海综合试验站技术团队调查发现，林下有可供鹅采食的草本植物 22 科 46 种，包括菊科植物 14 种，玄参科、大戟科、蓼科、禾本科植物各 3 种，唇形科、苋科和石竹科植物各 2 种，并从中筛选出几种产草量高、适口性好的种类人工种植。免除了林地除草投入，还发展了养鹅业。

　　宁波综合试验站技术团队为了促进浙东白鹅规模养殖，引进良种发展牧草人工种植，何大乾研究员在实地调研指导时，提议与崇明岛共同开发。该团队进行了适应性试验和营养成分评价，筛选出十几个适合于肉鹅养殖的优质、高产饲草品种，将饲草与精饲料搭配进行饲养试验，确定了单位面积承载肉鹅数量，建立了高效种草养鹅生态模式。专家们观察到，黑麦草等草本植物在林下生长，低矮，生长旺盛，生物量大，覆盖率高，主要形成须根，耐阴，耐践踏，不会发生与相应林木共同的病虫害；这些草本还兼具水土保持、培肥地力等功能。肉鹅品种改良岗位研发团队与上海和宁波综合试验站技术团队由此确定了适宜"林-草-鹅"系统林下种植的牧草，在崇明地区的林下种植，形成了林下种草养鹅技术，并在浙江、江苏、河南等地得到推广应用。

　　沈阳综合试验站研发团队研究发现肉鹅饲喂草本植物影响日增重和饲料转化率，3～8 周龄肉鹅以豆科的苜蓿与苋科的籽粒苋的饲用价值为高，可节省饲养成本 22.1%，且鹅群生长均匀，无啄羽现象发生。

聊城综合试验站在 2015 年开始了种植牧草发展肉鹅产业的探索。几年来，他们在牧草品种选择、工厂化育苗、间种模式、种植密度等牧草高效种植技术及牧草种植面积如何与养鸭规模匹配等方面进行了一系列探索，研发出"鸭（鹅）-粪-有机肥-草-鹅"循环养殖模式，将商品肉鸭粪便进行发酵处理，就近还田，用于种植牧草，以牧草养鹅，推进了肉鹅产业的规模化发展。

思考练习

1. 根据出壳至 28 日龄雏鹅的特点，简述育雏要点。
2. 简述笼上育雏技术要点，其优势是什么？
3. 商品肉鹅育成后期的育肥方法有几种？
4. 简述肥肝鹅生产与管理的内容与特点。
5. 分别叙述种鹅后备期、产蛋期、休蛋期的饲养管理技术。
6. 根据所在地养殖条件，区别比较不同生态养鹅模式的优势。

第五讲
CHAPTER 5
鹅的疾病防治

本讲目标 >>>

本讲要求了解鹅病的诊断与防治，掌握鹅疫病的免疫程序，树立预防为主观念。对疾病发生能做到早诊断、早防治，尽量减轻损失。

知识要点 >>>

主要介绍鹅疫病的综合性防治措施，传染病、寄生虫病等疾病的发病特点，诊断技术和防治方法。

专题一　鹅病的综合性防治措施

鹅的疾病防治是养鹅的重要环节之一，有时是养鹅能否成功的关键。尽管与其他家禽相比，鹅的适应性和抗病力较强，但有些疾病，特别是传染病一旦发病，损失巨大。因此，防疫灭病不仅是养鹅生产安全的必要保证，而且也是维护人民健康的必需措施。鹅的疾病可分为三大类：一是由于饲养管理不善等原因引起的疾病，如外伤、饲料中毒及缺乏某种营养等普通病；二是由于寄生虫寄生在鹅体内或体表引起的寄生虫病；三是由病原微生物引起，具有一定的潜伏期和症状，并能传播蔓延的传染病。随着工厂化、集约化和现代化养鹅业的日益发展，鹅的饲养量和流动性增加，鹅病问题将会更加突出，预防和控制鹅的疾病工作显得尤为重要。有效地防治鹅病，是养鹅场生产经营成功的一个重要保障。为此，必须高度重视鹅的疾病防治工作，严格贯彻"以防为主，防治结合"的方针，采取综合性防治措施，降低发病率、死亡率，提高成活率，确保鹅群健康和养鹅生产的顺利进行。

一、采取科学的饲养管理

（一）把好引种关

引进的种雏和种鹅，必须来自健康和高产的种鹅群。外来鹅隔离观察 20 天后，未发现疾病的才允许混入原来的鹅群或鹅场，以保证鹅场的安全生产。对引入种蛋的，为防疾病垂直传播，除做好孵化消毒外，孵出种雏也要隔离观察。

（二）满足营养需要

疾病的发生与发展，与鹅群体质强弱有关，而鹅群体质强弱，与鹅的营养状况有着直接的关系。如果不按科学方法配制饲料，鹅缺乏某种或某些必需的营养元素，就会使机体所需的营养失去平衡，新陈代谢失调，从而影响生长发育，体质减弱，易感染各种疾病。另外，有时虽然按科学方法配制了饲料，但由于饲喂和管理方式不科学，也会影响机体的正常代谢功能，使其营养的消化吸收减弱或受阻，导致机体的体质减弱，生长发育受阻。因此，在饲养管理过程中，要根据鹅的品种、大小、强弱不同，分群饲养，按其不同生长阶段的营养需要，供给相应的配合饲料，在做到饲料全价性的同时，采取科学的饲喂方法，以保证鹅体的营养需要。鹅是水禽，除供给足够的清洁饮水外，要经常注意鹅体的体质锻炼，让鹅下水游泳，增加放牧时间或运动时间，增加鹅的运动量，提高鹅群的健康水平。这样，可以有效地防止多种疾病的发生，特别是防止营养代谢性疾病的发生。

（三）创造良好的生活环境

鹅场场地选择要有利于卫生防疫，交通便捷，水源充足，水质良好，电源稳定。应远离铁路、旅游胜地等人流来往频繁之地，场地的地势有利于防涝排水、污水处理及排放，以利环境保护，场地的周围及空间应无有毒有害物质及空气污染，确保安全生产。鹅场内建筑物布局科学，生产区和生活区要严格划分，彼此间有隔离带。鹅舍建筑设施和管理程序合理，鹅舍要按照鹅群在不同生长阶段的生理特点，能控制适当的温度、湿度、光照、通风和饲养密度，便于隔离、消毒，保证饲养放牧环境的安静，尽量减少各种应激反应，防止发生惊群，影响抵抗力。管理程序要符合鹅的不同生长阶段的生理特点，以满足鹅的生长发育需要。

（四）搞好清洁卫生工作

鹅场应订立各种规章制度及实施措施。搞好鹅群生活环境的清洁卫生，鹅场的排水沟、垃圾要经常清理，粪便要及时清除，垫料要经常更换，用具要经常清洗和消毒。鹅舍要保持干净、干燥、通风、舒适，场地要保持清洁、卫生、干燥。做好灭鼠、灭蚊、灭蝇工作。

（五）合理处理垃圾、粪便

垃圾、粪便等是病原微生物生存和繁殖的主要场所，应严格防止其污染饲料、饮水和道路，减少鹅群接触粪便。为此，应将垃圾、粪便运送到距鹅舍百米远的地方，堆积发酵和消毒，以杀灭病原菌。粪便的处理方面，应建立污物处理及净化系统，保护环境不受污染。

（六）日常观察与掌握鹅群健康状况

逐日观察记录鹅群的采食量、饮水表现、粪便、精神、活动、呼吸等基本情况，统计发病和死亡情况，做到"早发现、早诊断、早治疗"，以减少经济损失。

观察鹅群的时候，可发现健康鹅精神奕奕，羽毛洁净、顺贴紧凑、具有光泽，并常用嘴整理自身羽毛，嘴与脚部润滑饱满，两眼明亮有神，眼鼻干净，食欲旺盛，消化良好，粪便正常，对外界各种刺激的反应十分敏捷，有时会发出低短的"哦！哦！"欢叫声，还会企胸扑翼奔跑；初发病和轻病症的鹅颈背上端的小羽毛失去平常那种顺服紧贴感，有微微松起现象，喜欢卧伏，采食减少，常常遭到同群鹅的驱赶和啄咬，还常有摇头、流鼻水、眼结膜潮红、双翅及腹部羽毛有被污水玷污的现象；病情较重的鹅则表现精神不振，厌食，不愿走动，全身羽毛松乱，腹部和翅部羽毛好像被脏水玷污，常呆立或独居一隅，鼻孔周围十分干燥或明显流鼻水，眼部有结痂物，头瘤、脚、嘴等部位均失去光泽，用手摸之有灼热感；接近死亡的鹅则伏地不起，无力挣扎，头部肉瘤及脚部冷。

观察鹅群的最好时间是在每天早晨天刚亮、中午、深夜的时候。这时鹅群正处在休息状态，病鹅容易表现出各种异常状态，比较容易发现与检出初发病和轻症的病鹅。具体检查方法是：在接近大群鹅时，要从远到近慢慢地向前走动，一边接近一边观察，注意发现各种异常现象。如果突然接近会使病鹅、健康鹅同时都受惊、奔跑、鸣叫，很难发现病鹅，尤其难以发现初发病和轻症的病鹅。如果认为有必要进行个体检查时，可用捉鹅杆（前端带有S钩）卡紧可疑病鹅的颈部，从鹅群中吊出，进行详细检查，注意观察羽毛、头部肉瘤、脚的表面温度及挣扎等方面是否有异常。

二、加强消毒隔离

（一）及时发现、隔离和淘汰病鹅

饲养人员要经常观察鹅群，及时发现精神不振、行动迟缓、毛乱翅垂、闭眼缩颈、食欲不佳、粪便异常、呼吸困难、咳嗽等症状的病鹅，及时将其隔离或淘汰，并查明原因，迅速对症处理。

（二）严防禽兽窜入鹅舍

严防野兽、飞鸟、鼠、猫、狗等窜入鹅舍，防止惊群、咬伤和传播病菌，尤其要注意定期灭鼠。另外，还应防止昆虫传播疾病。

（三）禁止人员来往与用具混用

应避免外人进入和参观鹅场，以防止病原微生物交叉感染。同时要做到专人、专舍、专用工具饲养。工作时要穿工作服、鞋，接触鹅前后要洗手消毒，以切断病原传播途径。

（四）鹅场（舍）进出口设消毒池

在鹅场（舍）进出口处设消毒池，并保持消毒池内有消毒药物（生石灰或 2% 烧碱水），以便对进出人员、车辆进行消毒。

（五）定期对鹅舍及设备用具消毒

消毒的目的是消灭环境中的病原微生物，预防传染病的发生或阻止传染病的蔓延。对种蛋、孵化室、设备器具、棚舍地面、屋顶及墙壁，必须制定并严格执行卫生消毒制度，按规定清洗和消毒，防止病原微生物的传染。

消毒药物种类很多，主要有醛类、氯制剂、碘制剂、季铵类、氧化剂、酸碱类等，还有紫外线、微波、高温、高压、火焰、清洗等物理消毒方法和堆积发酵等生物消毒方法。要根据不同消毒目的选择不同的消毒方式和消毒药物、剂量。

消毒内容包括鹅舍周边的环境、相关人员、进出的车辆等运输工具、鹅舍场地、鹅场用具、鹅群、饮水、填料、排泄物等。鹅舍内的用具搬到舍外用水清洗后，用福尔马林、消毒威、百毒杀等消毒药浸泡消毒。鹅舍的消毒程序：首先将垫料、粪便等废弃物清除干净，再用清水彻底清洗地面、墙壁和设备，然后用 2% 的烧碱水进行全面消毒；对密封条件较佳的房舍也可以用每立方米空间高锰酸钾 7 克、福尔马林 14 毫升、水 7 毫升进行熏蒸消毒。然后将鹅舍空置 2 周以上，到进鹅群前，再洗去残留的消毒剂。只有通过严格的消毒，才能为饲养下一批鹅创造一个安全的场所。

应注意的是，用高锰酸钾和福尔马林熏蒸消毒时，不能使用玻璃容器，而要使用铁制或陶瓷容器，容积要比福尔马林溶液量大 10 倍。将容器放在消毒鹅舍中央加药熏蒸的地方，先加少量水，再加入高锰酸钾，最后加福尔马林。拌和药剂熏蒸时要穿戴防护衣服和眼镜、口罩，否则易造成人身伤害。

三、实施有效的免疫计划

免疫接种是指给鹅注射或口服疫苗、菌苗等生物制剂，以增强鹅对病原的抗病力，从而避免特定疫病的发生和流行。同时，种鹅接种后产生的抗体，还可通过受精蛋传给雏鹅，提供保护性的母源抗体。

(一)免疫接种程序

我国已有多种疫苗用于家禽传染病的预防，但是目前用于预防鹅的传染病的疫苗还较少。目前对禽流感、小鹅瘟、禽霍乱等常见疫病可用疫苗预防。一般免疫程序也以此为主。副黏病毒病、传染性浆膜炎、鹅蛋子瘟等疫苗在疫区可以使用。

1. 雏鹅的免疫 接种未经小鹅瘟疫苗免疫注射的种鹅所产种蛋孵化出的雏鹅，应在出生后注射抗小鹅瘟血清，每只 0.3～0.5 毫升；若雏鹅已感染了小鹅瘟，即在鹅群中已发现有患小鹅瘟病的雏鹅时，全群鹅都应注射抗小鹅瘟血清，每只 0.8～1.0 毫升。10～15 日龄皮下注射鹅副黏病毒灭活苗，每只 0.3 毫升；根据当地疫情可同时免疫禽流感灭活疫苗 0.5 毫升。4～5 周龄以后的仔鹅应再用禽流感疫苗免疫。

2. 种鹅的免疫 接种禽霍乱疫苗在育成期或休蛋期中使用，疫苗用量按说明书确定，每注射 1 次免疫期 3 个月。小鹅瘟疫苗在种鹅开产前 1 个月左右进行第 1 次注射，每只 1 毫升，并根据疫情可同时注射鹅蛋子瘟灭活苗 1 毫升。也可在开产后 10～14 天再进行小鹅瘟疫苗第 2 次注射。经过免疫的母鹅所产的种蛋孵出的雏鹅对小鹅瘟有较强的免疫力，一般不必再对其进行抗小鹅瘟血清注射。产蛋前 20 天根据疫情注射鹅副黏病毒灭活苗每只 0.5 毫升，禽流感灭活苗 1 毫升。种鹅禽流感每年免疫 2～3 次。

(二)疫苗接种方法与要求

常用的疫苗接种方法有注射法和饮水法：

1. 注射法 注射各种疫苗时，必须按说明书规定的稀释倍数和注射部位进行，稀释液一般用灭菌注射用水或蒸馏水。注射时必须确认已注入皮下或肌内（灭活疫苗应肌内注射），若发现针头穿过皮肤而将疫苗注射到体外，则必须重新注射，绝不能将疫苗注入腹腔或胸腔。

2. 饮水法 用不含有氯离子或其他消毒剂、清洁剂的凉水稀释疫苗。若用含氯的自来水时，要先煮沸放置过夜后再使用。为增加疫苗的活力和持续时间，最好在稀释液中加入 0.2% 的脱脂奶粉。饮水用具要洗干净，稀释的疫苗液数量要充足，保证每只鹅在 2 小时内饮到规定剂量的疫苗。此外，根据外界气温情况，采用饮水接种前，一般停止供水 2～4 小时。

（三）接种疫苗时应注意的事项

1. 严格按说明书要求进行接种疫（菌）苗 疫苗的稀释倍数、剂量和接种方法等都要严格按照说明书规定进行。如确需调整，要在兽医指导下进行。

2. 疫苗应现配现用 稀释时绝对不能用热水，稀释的疫苗不可置于阳光下曝晒，应放在阴凉处，且必须在 2 小时内用完。

3. 接种疫苗的鹅必须健康 只有在鹅群健康状况良好的情况下接种，才能取得预期的免疫效果。对环境恶劣、疾病、营养缺乏等情况下的鹅群接种，往往效果不佳。

4. 妥善保管、运输疫苗 生物药品怕热，特别是弱毒苗必须低温冷藏，要求在 0℃ 以下，灭活苗保存在 4℃ 左右为宜。要防止温度忽高忽低，运输时要有冷藏设备。若疫苗保管不当，不用冷藏瓶提取疫苗，存放时间过久而超过有效期，或冰箱冷藏条件差，均会使疫苗降低活力，影响免疫效果。

5. 选择恰当的疫苗接种时间 接种疫苗时，要注意母源抗体和其他病毒感染时对疫苗接种的干扰和抗体产生的抑制作用。

6. 接种疫苗的用具要严格消毒 对接种用具必须事先按规定消毒。遵守无菌操作要求，对接种后所用容器、用具也必须进行消毒，以防感染其他鹅群。

7. 注意接种某些疫苗时能用和禁用的药物 在接种禽霍乱活菌苗前后各 5 天，应停止使用抗菌药物；而在接种病毒性疫苗时，在前 2 天和后 5 天要用抗菌药物，以防接种应激引起其他疾病感染；各种（菌）疫苗接种前后，均应在饲料中添加比平时多 1 倍的维生素，以保持鹅群强健的体质。

由于同一鹅群中个体的抗体水平不一致，体质也不一样，因此同一种疫苗接种后反应和产生的免疫力也不一样。所以，单靠接种疫苗预防传染病往往有一定的困难，必须配合综合性防疫措施，才能取得预期的效果。同时，有条件的可对鹅群进行抗体水平监测，确定免疫效果。

四、采用适宜的药物防治方法

（一）用药原则

除对鹅群进行科学的饲养管理，做好消毒隔离、免疫接种等工作外，合理使用药物防治鹅病，也是搞好疾病综合性防治的重要环节之一。鹅场应本着高效、方便、经济、减量化的原则，根据不同疾病和鹅群对药物的防治要求选择药物，确定用药剂量、给药间隔与疗程，通过饲料、饮水或其他给药途径有针对性地使用药物，从而有效防止各种疾病的发生和蔓延。如在饲料中添加多种维生素、微量元素和氨基酸等，可起到弥补饲料养分不足和防治疾病的作用。为防止鹅寄生虫感染，可使用驱虫净、可爱丹、氯苯胍等抗寄生虫药物。此外，为防止饲料发霉变质可加入丙酸钙等防霉剂；为防止饲料的氧化分解，可添加乙氧基喹啉（山道喹）、丁基化羟基甲苯（BHT）等抗氧化剂。值得注意的是，长期对鹅使用某一种化学药物防治疾病，易在鹅体内产生耐药菌株，从而使药物失效或达不到预期效果，需要经常进行药物敏感试验，选择高效敏感化学药物进行防治。

（二）用药方式

1. 内服　规模养鹅用药一般以添加于饲料或饮水中内服为主。内服药物大多数是在胃肠道吸收的。因此，胃肠道的生理环境，尤其是 pH 的高低、饱腹状态、胃排空速率等往往影响药物生物利用率。

需空腹给药的药物有（喂料前 1 小时使用）：半合成青霉素中阿莫西林、氨苄西林、头孢菌素（头孢曲松钠除外）、林可霉素、利福平，喹诺酮类中诺氟沙星、环丙沙星等。

需喂料后 2 小时给药的药物有：罗红霉素、阿奇霉素、左旋氧氟沙星等。

需定点给药的药物有：地塞米松磷酸钠将 2 天用量于上午 8 点一次性投药，可提高效果，减轻撤停反应。氨茶碱将 2 天用量于晚间 8 点一次性投药。盐酸苯海拉明将 1 天用量于晚间 9 点一次性投药。

需喂料时给药的药物有：脂溶性维生素（维生素 D、维生素 A、维生素 E、维生素 K_1、维生素 K_2）、红霉素等。

中药：治疗肺部感染、肝周炎的宜早晨料前一次投喂。治疗肠道疾病、卵黄性腹膜炎等宜晚间喂料后一次投喂。

2. 注射 对急性传染病、部分中毒性疾病，为了让药物快速发生作用，或易在消化道降解失效的药物，可以用注射的方法。鹅一般采用肌内注射，一些特殊药物可以采用静脉注射或皮下注射。

3. 其他 对创伤等要采用药物外敷方法，体外寄生虫一般也用外用药治疗。此外，还可以通过气雾给药方式，经鹅呼吸道用药，如副黏病毒疫苗的气雾免疫。

（三）严禁使用违禁药物

必须要按无公害畜产品生产要求来使用各种药物，不得使用农业农村部规定的违禁药物。在使用药物时要注意药物的残留，防治用药后应保证在屠宰前具有足够的休药期．病鹅经治疗康复后，必须经 1 周以上的正常饲养才可上市出售，以防药物残留。

五、发现疫情迅速采取扑灭措施

（一）提高疫病诊断水平，减少疫病造成的损失

由各种病原引起的疫病，具有一定的特点和相似之处，必须要迅速正确地进行诊断，才能做到对症下药，及时采取防治措施，防止疫病蔓延扩大，减少疫病造成的损失。疫病诊断一般应从症状、解剖病变和流行病学调查着手，对相似症状、病变进行区别诊断，

在此基础上应组织实验室诊断。实验室诊断应按照诊断要求采集病料，对所采病料进行病原体观察、培养、分离，并进一步作琼扩试验、荧光抗体试验、PCR 检测等方法确定病原。大规模养殖的，还可继续进行药敏试验、疫苗制作和高免抗体制作，提高防治疫病效果。

（二）及时发现疫病，实施防制措施

只有饲养人员随时观察鹅群动态，才能做到对鹅群疫情的早发现、早确诊、早处理，有利于控制疫病的传播和流行。因此，饲养人员要随时注意观察饲料、饮水的消耗、排粪和产蛋等情况，若有异常，要迅速查明原因。发现可疑重大传染性鹅病时，应根据动物防疫的有关法律、法规要求和传染病控制技术尽快确诊，同时及时报告当地兽医和动物防疫部门，并隔离病鹅封锁鹅舍，在小范围内采取扑灭措施，对健康鹅群采取紧急接种疫苗或进行药物防治。

（三）加强封锁和控制，严禁出售和转运病鹅

疫情发生时，要加强封锁和控制，严防传染病的流行和扩散。严禁食用病死鹅，严格隔离病鹅群。病死鹅的尸体、内脏、羽毛、污物等不能随意乱扔，必须焚烧或深埋等无害化处理，重症病鹅要淘汰。病鹅舍和病鹅用过的饲养用具、车辆、接触病鹅的人员、衣物及污染场地必须严格消毒，粪便经彻底消毒或生物发酵处理后方可利用。处理完毕后，经半个月如无新的病例，再进行一次终末彻底消毒，才能解除封锁。

➡ 小知识——生物安全

生物安全是对鹅群生物危害的检测、评价、监测、防范和治理的科学技术体系，鹅场生物危害主要是生物性的传染媒介（生物体及其产生的毒素、过敏原等产物）通过直接感染或间接破坏环境而导致对鹅群的现实危害或者潜在风险。鹅场生物安全一是要做好规划设计，合理布局和建设鹅场，达到兽医卫生管理的要求；二是鹅场的设施齐备，能够开展隔离、消毒、废弃物及病死鹅无害化处理

等防疫灭病措施；三是实行"全进全出"饲养制度；四是建立卫生管理和消毒管理制度，加强空舍消毒和载禽消毒，防鸟灭鼠；五是实施引种检疫和隔离等。当前，多数养鹅场棚舍简陋，生物安全设施不齐全，疾病防范风险大。因此，经营者需要更新观念，在兽医等专家的指导下，做好鹅场生物安全措施。

❓ 案 例 >>>

鹅发病原因

发生鹅病的主要原因一是饲养不当，配制日粮的饲养标准不符合鹅的营养需要，造成体内营养缺乏或过剩，影响鹅群生长与健康；二是管理不善，如环境温湿度不符合鹅生长、生产的生理要求，环境应激降低鹅群抵抗力，或让鹅接触有毒有害物质引起中毒；三是对病原微生物防控不严，致使病原进入鹅场，接触鹅群并引起传播。

专题二 传染病

一、小鹅瘟

小鹅瘟是由小鹅瘟病毒（鹅细小病毒）引起的以危害雏鹅为主的一种急性败血性传染病，又称小鹅病毒性肠炎。它主要侵害4~20日龄的雏鹅，5~15日龄为该病高发日龄，发病率和死亡率均可达90%以上。近年来，鹅对小鹅瘟易感日龄增大，70~120日龄仍能发病，其死亡率也可达10%以上。本病一般流行季节以春夏交际或冬季多雨季节。

（一）症状

7日龄以内的雏鹅感染后，往往呈最急性型，有时不显现任何症状即突然死亡，病程0.5～1天。一般为急性型，雏鹅感染后，采食异常，随采随抛而不咽下，精神委顿，缩头蹲伏，羽毛蓬松，步行艰难，常离群独处；继而食欲废绝，严重下痢，排出混有气泡的黄白色或黄绿色水样稀粪，鼻分泌物增多，病鹅摇头，口角有液体甩出，喙和蹼色发绀；病鹅临死前出现神经症状，全身抽搐或发生瘫痪。病程1～2天。慢性的以食欲不振和下痢为主，病程1周以上，有的可自然康复。

（二）病变

最急性死亡，小肠黏膜肿胀、充血，内覆大量淡黄色黏液。急性、亚急性死亡，小肠中、下段黏膜炎症，形成管状假膜，肠黏膜成片坏死、脱落，与纤维素性渗出物凝固形成淡灰白色或淡黄色栓子，栓子外观异常膨大，质地坚硬呈香肠状；肝脏肿大淤血、质脆，呈深紫色或黄红色，有的表面有纤维素性假膜；脾脏肿大、充血；胰脏肿胀，呈淡红色，偶见针尖状灰白色结节；肾稍肿大，呈暗红或紫红色；有的腹腔有黄色渗出液。

（三）诊断

小鹅瘟可根据以下几点进行诊断：

1. 流行特点 主要发生于1月龄以内的雏鹅，成年鹅或其他家禽均不易感染。

2. 临床特点 严重下痢，排出混有气泡的黄白色或黄绿色水样稀粪，病鹅临死前出现神经症状，全身抽搐或发生瘫痪。

3. 剖检特点 小肠显著膨大，内有袋子状或圆柱状的灰白色假膜凝固的栓子。不过，这种典型变化不是每一只病鹅都能看到，因此在检查时应当多解剖几只病鹅，才能作出初步诊断。

（四）防治

1. 预防 小鹅瘟为病毒性疾病，一般抗菌药物无效，目前较好的办法是采取隔离病鹅，加强饲养管理和环境消毒等综合性防治措施。免疫接种是防治本病的主要手段，具体免疫程序为：母鹅开产前 1 个月左右，每只注射小鹅瘟弱毒疫苗 1 毫升。对母鹅未注射疫苗的，小鹅出壳后第 1 天注射小鹅用小鹅瘟弱毒疫苗 0.5 毫升；也可用小鹅瘟免疫血清每只注射 0.5～0.8 毫升或免疫蛋黄 1 毫升进行预防。

2. 治疗 治疗本病无特效药物，每只鹅注射小鹅瘟免疫血清或蛋黄 1 毫升，病情严重的，可隔 3～5 小时重复注射 1 次，效果较好。饲料中可添加抗病毒或提高免疫力的中药制剂，可起到辅助治疗作用。

二、禽流感

禽流感是由 A 型流感病毒引起的禽类疫病，因感染病毒类型毒力不同、鹅的年龄不同，发病、死亡率相差较大。高致病性禽流感能感染不同日龄的鹅，死亡率一般在 5%～35%，严重的可达 90% 以上。

(一) 症状

病鹅表现精神沉郁，食欲减退或废绝，仅饮水，呼吸困难；排白色或青绿色稀粪；喙和头瘤呈紫黑色并干枯坏死，脚蹼发绀，有的鼻孔流血，有的眶下窦、颈部前端肿胀，触有波动感；眼睛潮红或出血，眼睛四周羽毛粘有分泌物，严重者瞎眼，鼻孔流血；产蛋鹅的产蛋率突然下降甚至停产，或产异常蛋，如产软壳蛋、无壳蛋、沙壳蛋等；死前呈神经症状。病程 1 天或 2～3 天不等。

(二) 病变

气管、肺脏出血或淤血；胰腺表面有出血点或白色坏死点，或透明样、液化样坏死点、坏死灶；心冠脂肪出血，心肌表面有灰白色条纹样坏死，心包炎，心包积液；腺胃黏膜局灶性溃疡，乳头有出血点、斑，肠道黏膜出血或有出血环；有的肠外表有环状出血带；肝脏、脾脏等脏器肿大淤血或出血；脑膜出血，脑组织软化；产蛋母鹅腹腔内积有卵黄，输卵管及卵巢充血、出血，病程较长，患病母鹅的卵巢中的卵泡萎缩、变形变性。

（三）诊断

高致病性禽流感的诊断要点：

1. 流行特点 各种家禽均可发病。H5 型流感毒株对各种日龄和各种品种的鹅群均具有高度致病性。流行季节以冬春季为主。

2. 临床特点 喙、头瘤和蹼呈紫黑色，眶下窦、颈部前端肿胀，眼睛潮红或出血，眼睛四周羽毛粘有分泌物，鼻孔流血；母鹅产蛋减少，产畸形蛋。

3. 剖检特点 各脏器出血。胰腺表面有出血点或灰白色坏死点，或透明样、液化样坏死点、坏死灶；心肌表面有灰白色条纹样坏死。根据以上流行特点、临床症状和病理变化的特点可作出初步诊断，要作出确诊需进行血清学试验。

（四）防治

1. 预防 加强消毒和引种工作，控制本病传入是关键性措施。在加强饲养管理提高鹅的抵抗力的同时，可用禽流感灭活苗预防。种鹅每年注射 2～3 次，每次 1 头份；雏鹅 6～7 日龄预防注射 1 次。

2. 治疗 本病无特效药治疗。一旦发现由高致病性禽流感病毒引起发病的，应立即报告动物防检部门，对疫点进行及时隔离、封锁、扑杀，并进行彻底消毒，以免蔓延扩散。一般的禽流感发病可用免疫蛋黄每只注射 1 毫升，同时在饮水、饲料中添加抗病毒中药制剂，并用抗菌药物控制继发感染。

三、鹅副黏病毒病

鹅副黏病毒病是由鹅Ⅰ型副黏病毒引起的传染病。各种年龄的鹅都具有较强的易感性，一般日龄愈小，发病率、死亡率愈高，可达到 95％以上。本病的流行没有明显的季节性，一年四季均可发生，常引起地方性流行。本病给养鹅业造成巨大的经济损失，是目前鹅病防治工作的重点。

（一）症状

患鹅精神委顿、缩头垂翅，少食或拒食，口渴喜饮水，排白色或黄绿色稀粪，眼睑周围湿润。行走无力，或不愿下水，或浮于水面随水漂流。患病后期，有的鹅出现明显的神经症状，表现为扭颈、转圈、仰头。雏鹅发病时，有甩头、咳嗽等呼吸道症状。病程一般5～6天，不死的鹅会逐步康复。

（二）病变

病鹅一般脱水、消瘦，眼球下陷，脚蹼干燥。肝脏肿大，表面有散在性灰白色坏死灶，胆囊充盈；脾脏肿大，并有散在性坏死灶；心肌变性，心包内有黄色积液。十二指肠、空、回肠黏膜有灰白色痂块，并有出血、溃疡，盲肠、盲肠扁核体肿大出血或有结痂溃疡病灶，有的腺胃、肌胃出血。有神经症状的病例，脑充血、出血、水肿。

（三）诊断

本病可根据病鹅脱水、消瘦、饮水量增加、腹泻和神经症状，以及肠道黏膜出血、坏死、溃疡、结痂等特征，作出初步诊断。

（四）防治

1. 预防　加强该病的检疫，对已发生地区鹅群可在6～7日龄用鹅Ⅰ型副黏病毒灭活苗0.5毫升注射，为提高免疫效果，同时用新城疫Ⅳ系倍量滴鼻。

2. 治疗　可用新城疫、鹅Ⅰ型副黏病毒双联免疫血清或蛋黄每只注射0.5～0.8毫升。无血清和蛋黄的可用鹅Ⅰ型副黏病毒灭活苗和新城疫Ⅱ系进行紧急免疫，一般免疫5天后能控制发病。

四、禽霍乱

禽霍乱是由禽型多杀性巴氏杆菌引起的一种急性、败血性传染病，具有发病快、发病率和死亡率高的特点。种鹅及育成中后期鹅易发。本病的发生无明显季节性，但在秋冬或早春较多。

（一）症状

最急性型是在流行初期，鹅在无任何症状下突然死亡。急性型病鹅精神委顿，闭目呆立，羽毛松乱，不敢下水，不食或少食，体温升高至41.5～43℃，饮水增多；随后食欲废绝，鼻、口中流涎，排绿色、灰白色或黄绿色稀粪，呼吸困难，最后昏迷痉挛死亡，病程1～3天。一般在流行后期，有的病鹅转入慢性型，鼻、口常流少量黏液，腹泻，消瘦，贫血，有的病鹅关节肿大、发炎，跛行，病程可达数周。产蛋鹅群发病后可造成产蛋急剧下降。

（二）病变

最急性型很少有病理变化，一般仅心冠脂肪有少量出血点。急性型皮肤有散在的出血点，心外膜、心冠脂肪有出血斑、点，心包液增多，呈淡黄色，有的有纤维素性絮状渗出；有的产蛋鹅腹腔内有纤维素性凝块，特别是卵巢表面更多；肝脏肿大，呈土黄色或暗红色，质地脆，表面有针尖状出血点和灰白色坏死点，胆囊充盈；肠道充血、发炎、出血；肺脏有炎症和出血，呼吸道黏膜充血、出血，气囊发炎、混浊；其他黏膜充血、出血。慢性型以呼吸道炎症为主，肿胀关节内有干酪样渗出物，肝脏有脂肪变性或坏死灶。

（三）诊断

1. 流行特点 本病鸡、鸭、鹅均可发病，以种鹅或育成鹅最易发生，主要以秋冬和早春多发。

2. 临床特点 发病快，发病率、死亡率高。病鹅严重腹泻，排出白色、绿色或黄绿色稀粪。

3. 病理特点 病鹅皮下及各组织器官出血，特别以心冠脂肪出血、心包积液、肝脏肿大、肝脏表面有针尖状出血点或灰白色坏死点为本病的特征性病理变化。但已使用过抗菌药物的，肝脏病变一般难以发现。

（四）防治

1. 预防 种鹅产蛋前1个月以内，注射禽霍乱灭活苗2毫升，每年注射2～3次，注意疫苗使用前后1周不使用抗菌药物。对育肥鹅群或疫苗注射不便的，可采用抗菌药物作定期的预防性治疗，但用药应注意疗程、抗药性和药物残留等问题。

2. 治疗 发病后应立即隔离病鹅，并清栏消毒，特别是水体消毒，有条件的可迅速将未发病鹅迁出，加强饲养管理。本病往往呈现间断性的发病，采取传统的治疗措施很难治愈，可以采用药物联合紧急免疫的程序性防控措施提高防控效果。

五、小鹅流行性感冒

小鹅流行性感冒是由鹅流行性感冒志贺氏杆菌引起的一种危害雏鹅的疾病，又称鹅渗出性败血症。冬春季节常发，一般雏鹅经长途运输、体内抵抗力下降、气候变化大、雏鹅受冻、饲养管理不善等原因可促进本病的发生流行。本病多发于 14～28 日龄的雏鹅，发病后死亡率一般 50%～60%，高的可达 90% 以上。

（一）症状

病鹅食欲不振，精神萎靡，羽毛蓬乱，缩颈闭目，行走站立不稳，喜蹲伏，体温升高，怕冷，常挤成一堆。病鹅鼻孔流出多量澄清水样黏液，有的有泪水，呼吸急促，有咕噜声，有的张口呼吸。病鹅常强力摇头甩出鼻黏液，并在身上揩擦，黏液污染羽毛。严重的出现下痢、脚麻痹，站立时经常翻倒，两脚朝天挣扎。本病潜伏期几小时，病程 2～4 天。

（二）病变

呼吸器官有明显的纤维性薄膜增生，肺脏充血，呼吸道有多量半透明的渗出物，气囊表面附着湿润的颗粒凝乳状渗出物，鼻腔内黏液充盈；皮下、肌肉出血；心脏、肝脏表面有黄白色纤维素膜覆盖，心包积液，腔内充满黄色液体，肝脏有脂肪性病变，心外膜充血、出血；脾脏、肾脏充血肿大；肠黏膜充血、出血。

（三）诊断

1. 流行特点 多发生于冬春或早秋季节，尤以长途运输、气候多变、寒冷潮湿、饲养管理不善情况下多发。本病以 2～4 周龄的小鹅最易发病，成年一般很少发病。

2. 临床特点 病鹅精神萎靡，怕冷，常挤成一堆。呼吸急促，有咕噜声，有的张口呼吸。流鼻水，频频摇头，甩头擦背，身体污染黏液。

3. 剖检特点 呼吸道有多量渗出液，黏膜充血。气囊表面附着湿润的颗粒凝乳状渗出物。

（四）防治

1. 预防 加强饲养管理，提高雏鹅抵抗力，1月龄内雏鹅要加强保暖和鹅舍防湿工作，天气突变时应注意，避免放牧、游水时受凉。在本病常发地区可以对6～7日龄雏鹅注射志贺氏杆菌灭活苗预防。

2. 治疗 发病后应迅速隔离病鹅，更换垫料，加强消毒，有密封条件的鹅舍可用米醋煮沸等方法进行带鹅熏蒸。抗菌药物治疗有一定疗效。每升饮水中添加5.5％红霉素粉2克，每千克饲料中添加2％环丙沙星1.5克，连用3～5天。病鹅每只可肌内注射青霉素5万～10万单位，每天2次，连用2～3天。

六、鹅卵黄性腹膜炎

鹅卵黄性腹膜炎俗称"蛋子瘟"，病原以大肠杆菌为主，副伤寒杆菌和沙门氏菌也能引起本病。本病主要发生于产蛋期，能引起种鹅种用性能下降，产蛋期淘汰率增加，甚至死亡。一旦产蛋结束，发病亦告停止。

（一）症状

母鹅开产后不久，有部分母鹅精神沉郁，食欲减退，两蹼紧缩、干瘪，蹲伏地上，不愿活动，游水时只在水面上漂浮。病初鹅群产软壳蛋、薄壳蛋增多，产蛋率下降。以后由于卵巢、卵子和输卵管感染发炎而发展为广泛性卵黄性腹膜炎，故而泄殖腔周围粘有脏物、发臭的排泄物，排泄物中混有蛋清、凝固的蛋白或卵黄小块，鹅体消瘦。最后停食失水，眼球下陷，直至衰竭死亡，病程2～6天，有的达2周。只有少数母鹅能自愈康复，但不能恢复产蛋。母鹅发病率一般接近20％，死亡率一般为11％～27％，高的达70％以上。患病公鹅症状较轻，仅在外生殖器上出现红肿、溃疡或结节。病情重的，在阴茎表面布满绿豆般大小的坏死灶，剥去痂块即为溃疡灶，因此阴茎无法缩回泄殖腔内，丧失交配能力。

（二）病变

主要病变在生殖系统，卵子皱缩呈瓣状，卵膜薄而易破，卵黄变成灰色、褐色或酱色。腹腔内充满淡黄色腥臭的液体和卵黄液，腹腔器官表面有一层淡黄色、凝固的纤维素性渗出物，易刮落。腹膜有炎症，肠管相互粘连。如腹腔中的卵黄积留时间较长，即凝固成块状，发炎和变形，有的有皱纹，表面呈灰色、褐色、红褐色等不正常颜色，切开卵子，里面充满浓稠的蛋黄。子宫出血，发炎。肠道有出血点，肠黏膜脱落，肠道发紫，有牛舌状横纹，有栓塞，肝脏肿大质脆。心包腔液增多，肝脏、肾脏肿大。

（三）诊断

根据在产蛋季节发病、流行；产蛋量下降，软壳蛋、薄壳蛋增多；卵子变性，腹腔内充满卵黄液，有一股恶腥臭等特点可作出诊断。采集病鹅的脑、肝脏、心包液和脾脏病料，进行细菌学培养，并进行埃希氏大肠杆菌检定确诊。

（四）防治

1. 预防　加强育成期饲养管理，防止感染病原菌，严格淘汰慢性带菌病鹅和生殖器官异常或病变的鹅；保证环境清洁卫生，尤其是游水塘水的清洁；提倡人工授精；对常发地区可注射卵黄性腹膜炎弱毒疫苗预防；常发地区也可用药物预防，一般母鹅开产前后用抗菌药物，以 3～5 天为 1 个疗程，隔 1～1.5 月再用一疗程，连用 2 个疗程。

2. 治疗　发病后及时淘汰病鹅，鹅群用氟苯尼考、恩诺沙星、安普霉素等治疗，但大肠杆菌易产生耐药性，有条件的要做药敏试验，根据结果，选择敏感药物治疗。也可用中药治疗，减少耐药性。

七、鹅副伤寒

鹅副伤寒是由沙门氏杆菌引起的疾病，又称沙门氏菌病。30

日龄左右雏鹅发病严重，多呈急性和亚急性，可以引起大批死亡，成年鹅往往呈慢性或隐性感染，成为带菌者。本病除鹅外，其他家禽也能发生，并能通过种蛋垂直传播。雏鹅抵抗力下降，气候突变都能诱发本病，严重时死亡率较高，可达30%左右。转入慢性，影响今后的种用价值。

（一）症状

急性者多见于雏鹅，慢性者多见于成年鹅。潜伏期一般为12～18小时，有时稍长。急性病例常发生在雏鹅出壳数天后，往往不见症状就死亡。这种情况多是由种蛋传播或雏鹅在孵化器内接触病菌感染。雏鹅1～3周易感性高，表现为精神不振，食欲减退或消失，口渴，喘气，呆立，头下垂，眼闭，眼睑水肿，两翅下垂，排粥状或水样稀粪，当肛周粪污干涸后，则阻塞肛门，排便困难，结膜发炎，鼻流浆液性分泌物，羽毛蓬乱，关节肿胀疼痛，出现跛行。成年鹅呈慢性，表现为下痢、产蛋量减少，引起卵黄性腹膜炎等。

（二）病变

急性病例中往往无明显的病理变化，病程较长时，肝脏肿大，充血，呈古铜色，表面被纤维素渗出物覆盖，肝实质有黄白色针尖大的坏死灶；肠道有出血性炎症，其中以十二指肠较为严重，肠系膜淋巴肿大。脾脏肿大，伴有出血条纹或小点坏死灶；胆囊肿胀并充满大量胆汁；心包炎，心包内积有浆液性纤维素渗出物，盲肠内有干酪样物质形成栓塞；有的气囊混浊，上有灰白色点状结节。在慢性病例中，表现为腹腔积水，输卵管炎及卵巢炎。

（三）诊断

本病无明显的特征性症状和病理变化，对诊断较为困难。根据发病日龄、精神状态、下痢以及肝脾肿大、胆囊肿胀并充满大量胆汁等，可获得印象诊断。确诊必须进行实验室检查。

（四）防治

1. 预防

（1）防止蛋壳污染　保持产蛋箱内清洁卫生，经常更换垫料。每天定时及时拣蛋，做到箱内不存蛋。每天的种蛋及时分类、消毒后入库。蛋库的温度为 12℃，相对湿度为 75%。要做到经常性消毒，保持蛋库清洁卫生。种蛋入孵前再进行 1 次消毒。孵化器和孵化室的卫生防疫消毒工作非常重要，要制定相应的制度，闲人免进。

（2）防止雏鹅感染　接运雏鹅用的箱具、车辆要严格消毒。育雏舍在进雏前，对地面、空间和垫草要彻底消毒。雏鹅的饲料和饮水中加适量抗菌药。消灭鼠类和蚊蝇，防止麻雀等飞进育雏舍。

（3）加强雏鹅阶段的饲养管理　育雏舍内要铺置干燥清洁的垫草，要有足够数量的饮水器和料槽。舍内温度在 1 周龄内要保持 28～30℃，以后每增加 1 周龄舍温下降 2℃。雏鹅不要与种鹅或育肥鹅同栏饲养。冬季注意防寒保暖，夏季要避免舍内进入雨水，防止地面潮湿。

2. 治疗　复方敌菌净每千克饲料加 1 克，肠炎净每升饮水加 0.5 克，连用 2～3 天；也可用磺胺-5-甲氧嘧啶、土霉素、环丙沙星等药，严重的病鹅注射庆大霉素、林可霉素等治疗。

八、禽传染性浆膜炎

传染性浆膜炎是由鸭疫里默氏杆菌引起的禽类传染病，1 月龄内雏鹅易感，发病时死亡率较高，可达 15%～40%，病程 3～5 天，环境卫生不好、饲养管理不善是本病诱因。

（一）症状

急性型发病较突然，部分病例呈阵发性痉挛，在短时间内发作 2～3 次后死亡。一般精神沉郁，嗜睡，缩颈，羽毛松乱，两腿无力，不愿走动，或共济失调甚至伏地不起，食欲不振，呼吸道分泌物增多，呼吸困难，体温升高，眼部周围羽毛被分泌物沾湿，形如"戴眼镜"。排黄白、黄绿色稀粪；最后出现痉挛、摇头、点头等神经症状，抽搐死亡。

（二）病变

本病的主要病变特征是浆膜出现广泛性的纤维素性渗出，以心包膜、气囊、肝脏表面以及脑膜最为常见。心包液明显增多，并有白色絮状的纤维素性渗出物，心包膜增厚，并附有一层灰白色纤维素性渗出物，严重的可与心脏或胸壁粘连，内有干酪样淡黄色纤维素充填。肝脏表面覆盖着一层灰白色纤维素性膜，易剥离。气囊混浊增厚，有纤维素附着。其他脏器都有纤维素性炎症，有的肺炎，肝脏、脾脏肿大，颜色变淡，质地变脆，关节炎等。有神经症状的，脑膜充血、水肿、增厚，有的也可见到纤维素性渗出物。有的病例出现肠道变薄，出现脓性黏液和黏膜脱落，尤以十二指肠变化最为明显。

（三）诊断

1. 流行特点　主要以 1 月龄以内的小鹅最为易感，日龄越小，其发病率和死亡率就越高。应激因素与本病的发生有密切关系。

2. 临床特点　不愿走动，有的出现跛行，常有头颈震颤、歪颈等神经症状。

3. 病理特点　浆膜发生纤维素性炎症，以心包膜、气囊、脑膜和肝脏出现纤维素性渗出物附着为本病的特点。

4. 实验室诊断　采集病鹅的脑、肝脏、心包液和脾脏病料，进行细菌学培养，并进行鸭疫里默氏杆菌检定确诊。

（四）防治

1. 预防　无鸭疫里默氏杆菌流行发生的地区，鹅群必须与鸭群绝对分开饲养。有鸭疫里默氏杆菌流行发生的地区，雏鹅群之间、雏鹅群与青年鹅群、雏鹅群与成年鹅群之间应隔离饲养，以防止雏鹅被感染。由于本病的发生和流行与应激因素密切相关，要加强饲养管理，改善环境卫生，定期消毒，消除各种应激因素；10 日龄雏鹅可接种传染性浆膜炎灭活苗。

2. 治疗　本病治疗与禽霍乱、副伤寒相似，隔离病禽，对鹅舍和用具进行彻底消毒。治疗用敏感抗菌药物单一或交替使用。常用的敏感药物有氟苯尼考、氧氟沙星、头孢噻呋等。

九、曲霉菌病

曲霉菌病是由烟曲霉菌为主引起的真菌性疾病，也称曲霉菌性肺炎，主要侵害雏鹅，3～10日龄最易感，多呈急性发生，潜伏期48小时左右，病程3～5天，死亡率可达50%。本病传播途径是呼吸道和消化道，在育雏期因饲养管理不善、温差大、湿度高、通风不良、密度过高都可诱发本病。

(一) 症状

病鹅呼吸次数增加，不时发出摩擦音，张口吸气时颈部气囊明显胀大，呼吸如同打喷嚏样。当气囊破裂时，呼吸时发出尖锐的"嘎嘎"声，有时闭眼伸颈，张口喘气。同时，体温升高，精神委顿，眼鼻流液，有甩鼻涕现象，食欲减少，饮欲增加，迅速消瘦。到后期，呼吸困难，出现下痢，吞咽困难，最后麻痹死亡。病程较长的有时出现霉菌性眼炎。

(二) 病变

肺脏和气囊炎症，气囊和胸腹腔粘连，在肺脏、气囊和胸腹腔上可见到大小不等的灰白色或浅黄色的霉菌斑、霉菌结节，其内容物呈干酪样变化。肺脏可见弥漫性炎症，出现肺脏肝变。脑炎性曲霉菌病，可见一侧或双侧大脑半球坏死，组织软化，呈淡黄或淡棕色。

(三) 诊断

根据本病流行特点、临床症状和剖检病变可作出初步诊断，但确诊必须进行实验室诊断。

(四) 防治

1. 预防　不使用发霉垫料和霉变饲料，垫料用太阳曝晒后使用，进雏前育雏室进行熏蒸消毒；保持清洁、干燥，在保温的前提下，加强育雏室通风。

2. 治疗　药物治疗效果较差，一般可用制霉菌素。每只雏鹅日用0.5万～1万单位，拌料内服，每日2次，连用3天，停药 2 天，连续 2～3 个疗程，有一定效果，既可预防，又可治疗。另外用硫酸铜水溶液，浓度 1∶3 000，作为饮水内服，连用 3～5 天，可治疗本病。也可用碘化钾每升水加 5～10 克饮水 3～5 天。

➡ 小知识——发生传染病的必备条件

　　发生鹅传染病由病原（传染源）、传播途径和易感动物三大环节组成，即传染病发生和发展的三个条件。一是具有一定数量和足够毒力（致病力）的病原微生物（传染源），二是具有可促使病原微生物侵入易感动物机体内的外界条件（传播途径），三是具有对该微生物有感受性的动物（易感动物）。

❓ **案　例** >>>

小鹅瘟危害一例

　　20 世纪 70 年代以来，小鹅瘟成为我国养鹅业的主要危害疫病。80 年代后期，某地一种鹅场存栏种鹅 690 只，采用母鹅自然孵化方法，孵化的苗鹅一般需培育一周后出售。3 月，培育的苗鹅暴发小鹅瘟，3～7 日龄苗鹅发病率近 100%，死亡率高达 97%，抗菌药物等治疗无效，经临床和解剖诊断，表现为典型的小鹅瘟症状。经过消毒、清理，种鹅紧急免疫小鹅瘟疫苗，余留苗鹅注射小鹅瘟高免血清每只 0.5 毫升，连续注射 2 天，疫情得以控制。此例疫情说明小鹅瘟的危害性十分严重，但通过免疫预防可以控制。

专题三　寄生虫病

一、绦虫病

在鹅体寄生的绦虫种类很多，常见的且危害性大的主要有矛形剑带绦虫和片形绉缘绦虫。本病主要发生于夏季，对雏鹅、中鹅危害较大。

（一）症状

病鹅通常表现食欲不振，消化机能障碍，粪便稀薄，先淡绿色后呈灰白色，内混有米粒样绦虫节片。以后，生长发育受阻，贫血消瘦，精神委顿，羽毛松乱，翅膀下垂；严重时，出现神经症状，运动失调，走路摇晃，有时失去平衡而摔倒，难以站起。夜间有时仰颈张口如钟摆摇头，然后仰卧，作划水动作。严重的发病后1～5天死亡。成年鹅感染后可引起营养不良，贫血消瘦。

（二）病变

小肠黏膜发炎、充血、出血，肠内发现面条样虫体，数量多时可堵满整个肠道，并可引起肠扭转、肠破裂。其他黏膜、浆膜也常见有大小不一的出血点，心外膜上尤为显著。

（三）防治

1. 预防　首先对各龄鹅分开饲养和放牧，及时清理粪便进行发酵灭虫处理。成年鹅每年1～2次预防性驱虫，雏鹅、中鹅放牧20天后，全群驱虫1次。投药24小时内，应把鹅群圈养起来，以便把粪便集中堆积发酵处理。

2. 驱虫　吡喹酮每千克体重用10～35毫克；丙硫苯咪唑（抗蠕敏）每千克体重用10～20毫克；硫双二氯酚每千克体重用150～200毫克。严重的7～10天重复驱虫一次。

二、线虫病

在鹅体寄生的线虫种类也很多，如寄生于肌胃的裂口线虫，寄生于气管的比翼线虫，寄生于盲肠的异形同刺线虫和微细毛圆线虫，寄生于小肠为主的蛔虫等均有一定的危害性，其中的蛔虫危害较常见，较严重。对雏鹅和中鹅寄生线虫后，可表现症状，严重的发生死亡，对生产有一定影响。

（一）症状

感染蛔虫后病鹅生长不良，精神不佳，行动迟缓，羽毛松乱，可视黏膜贫血，食欲减退或异常，下痢，逐渐消瘦。成鹅感染可不表现症状，但严重的能使生产力下降，鹅体消瘦。

（二）病变

可在小肠内找到大量的线样虫体，小肠黏膜炎症，胆囊充盈。

（三）防治

1. 预防　搞好鹅舍清洁卫生，保持运动场地干燥，及时清除粪便。对常发地区可进行预防性驱虫。

2. 驱虫　左旋咪唑或丙硫苯咪唑（抗蠕敏）每千克体重 10～20 毫克，严重的 1 周后重复驱虫 1 次；驱虫净（四咪唑）每千克体重 40～50 毫克，连用 7 天；四氯化碳 20～30 日龄每只 1 毫克，1～2 月龄 2 毫克，2～3 月龄 3 毫克，3～4 月龄 5 毫克，成年鹅 5～10 毫克；三氯酚每千克体重 70～75 毫克。

三、鹅虱

鹅虱是常见的鹅体表寄生虫，寄生于头部、外耳道和体部羽毛上，一年四季都可感染，以冬季最严重。鹅虱体形很小（体长 1～3 毫米），以食羽毛和皮肤鳞屑为主，有的也吸食血液。

（一）症状与病变

鹅虱大量繁殖后刺激鹅体，引起瘙痒，经常用喙啄毛，造成羽毛脱落，并影响采食和休息，造成鹅食欲不振，产蛋下降，对自然孵化的，影响母鹅抱窝孵化；寄生外耳道的引起发炎，产生干性分泌物。寄生严重的引起鹅衰弱消瘦死亡。

（二）防治

流行期间彻底清扫场地，然后用 0.03％除虫菊酯喷洒杀虫，鹅体用 0.5％灭虱精或 0.2％敌百虫液涂擦鹅体，使用敌百虫应注意防止中毒；3％～5％硫黄粉喷涂；用烟叶 1 份，加水 20 份煮 1 小时后的溶液涂擦鹅体。驱虫工作应在秋后进行，初春再驱一次较好。

思考练习

1. 消毒隔离环节有哪几个？

2. 传染病的扑灭措施有哪些？

3. 描述小鹅瘟、禽流感、禽霍乱、传染性浆膜炎等主要传染病的流行特点、症状、病变和诊断方法，其防治措施有哪些？

4. 描述绦虫病、线虫病等寄生虫病对鹅的危害性。

CHAPTER 6

第六讲
鹅产品的加工

🍀 本讲目标 >>>

目前，我国鹅产品加工能力总体来说较弱，加工程度较浅，以现加工鲜食用为主，保鲜期短，难流通，产品辐射范围小、附加值低。销售渠道也不十分通畅，主要依靠部分养鹅大户和鹅贩销人员组织销售，农户特别是散养户的利益经常得不到保障。鹅是经济价值很高的食草水禽，但生产者能否取得好的效益关键取决于鹅产品加工程度和销售环节。要求了解鹅的结构特性，掌握当地有价值的鹅产品加工种类和方法，实行养、加、销结合，开发高档次的鹅产品，建立鹅专业市场，组织专业协会。确保养鹅生产健康发展，使养鹅生产获得高效，真正成为农民致富的门路。

🍀 知识要点 >>>

本讲主要介绍鹅的屠宰技术，鹅肉、鹅蛋加工产品的种类和主要加工方法，鹅肥肝加工，鹅羽绒加工技术。

专题一 屠宰

一、原料选择

屠宰的商品肉鹅应符合屠宰加工要求，同批次鹅的品种、饲养日龄、个体大小尽量统一，确保屠宰产品商品质量。原料鹅要来自非疫区，符合兽医卫生条件，并检疫合格。

二、宰前处理

活鹅经过收购、运输等过程，容易发生应激反应，直接屠宰会影响胴体的品质。活鹅运到屠宰场后，应给予 12～24 小时的充分休息，供给清洁的饮水，不供给饲料，这样彻底排空胃肠道的内容物，减少屠宰过程中对肉质的污染。待宰的肉鹅应从运输笼中抓出，放于水泥地面，注意保证有充足的水槽，防止因抢饮水而发生挤压死亡。有条件的屠宰场，鹅在宰杀前应进行清洗，方法是在通道上设置淋浴喷头，鹅群经过时完成清洗。

三、放血

将绝食 14～18 小时后的待宰鹅送入屠宰车间放血，放血要求部位准确，切口小而整齐，保证屠体美观，同时要保证放血充分。放血方法有下列 3 种，前 2 种较多见和常用。

（一）颈部放血法

颈部放血法又称为切断三管法。即从鹅的喉部用利刀切断食管、气管和两侧血管。这种方法操作简单，放血充分，死亡较快；缺点是刀口暴露易扩大，易造成微生物污染，而且胃内容物会污染血液。颈部放血法要求切口越小越好，注意要同时切断颈部两侧血管。这种放血方法不适合整鹅的加工，一般适合分割鹅肉和罐头的加工。

（二）口腔放血法

先将鹅两脚固定倒挂于屠宰架上，一手掰开鹅的上下喙，另一手持手术刀伸入鹅口腔至颈部第二颈椎处，刀刃向两侧分别切断两侧颈总静脉和桥状静脉连接处，随后抽回刀将刀尖沿上颚裂口扎入，刺破延脑，加速死亡。口腔放血法优点是鹅颈部无伤口，胴体外观好，不易受到污染，适合烧鹅、烤鹅等整鹅加工。操作时应注意练习宰杀位置和手法，尽量加快鹅只死亡。

（三）耳静脉放血法

方法是一手握鹅头，在耳叶后下方用剪刀剪一小切口，切断血管，一般切断一侧动脉和静脉即可。这种放血方法切口小，操作简单，但一定要找准位置。缺点是死亡慢，鹅容易挣扎。

四、浸烫煺毛

（一）浸烫

鹅放血致死后要立即进行浸烫拔毛。浸烫要严格掌握水温和浸烫时间，一般肉仔鹅水温控制在 65～68℃，时间为 30～60 秒。老龄鹅水温控制在 80～85℃，时间为 30～60 秒。具体水温和时间应根据鹅的品种、年龄、季节灵活掌握，保证鹅皮肤完好、脱毛彻底，而且毛绒不变色、不卷曲抽缩。浸烫时要不断翻动，使身体各部位受热均匀。在温水中放一些食盐，可避免煺毛时表皮破损。

（二）煺毛

1. 手工煺毛　先拔去翼、尾部大毛，然后顺羽毛生长方向拔去背部、胸部和腹部羽毛，分类收集。

2. 脱毛机煺毛　脱毛机主要由脱毛筒、脱毛转盘、机架、电机、皮带轮、出杂口等组成。根据脱毛机理，在脱毛筒壁及转盘上安装上橡胶棒，转动时采用仿人工揉搓的方法进行煺毛。

（1）开箱后先检查一下各个部位，如在运输途中造成螺丝松动，要重新加固，用手转动一下底盘，看是否灵活，否则要调节一下转动皮带。

（2）放机器的位置确定以后，在机器边的墙壁上装一个闸刀开关。

（3）将浸烫后的鹅放入机器内，根据使用说明确定投放数量。

（4）合上闸刀开关，机器启动、一边运转，一边在鹅身上加水，最好是热水，褪下的羽毛、污物随着水流一起出，水可循环利用，1分钟可褪尽羽毛，除净全身表皮污垢。

（三）拔细毛

屠体羽毛基本拔光后，还有许多小毛和毛管残留在屠体表面，必须拔掉。因此要将鹅的屠体浸在清水槽中，右手持一特制的剃毛小刀，用拇指和食指把细毛与毛管尽可能地拔干净。拔细毛时水槽中水要盛满并不断外溢，以流去刚拔下浮在水面上的细毛。对于手工不易拔尽的细毛，可用酒精火焰喷灯燎除，去掉所有细毛的痕迹。

五、净膛

净膛的过程就是去除鹅的内脏。净膛时，刀口一般在右翅下肋部，开口7厘米左右。在掏出内脏前，在肛门四周剪开，剥离直肠和肛门，然后连同肠道一块从肋下切口取出。取出心、肝、脾、肠、胃等内容物后，用清水将腹腔冲洗干净。

六、整形（分割）保藏

将净膛后的白条鹅放在清水中浸泡0.5～1小时，除尽体内血污，冲洗后悬挂沥干后冷藏上市或深加工。加工分割鹅肉的，应根据加工要求分割成腿、脯、掌（蹼）、头、翅等部分，并分类包装贮存。整个屠宰加工环节最好在冷链条件下进行，屠宰后的白条鹅0～4℃保存作为冰鲜产品销售，或速冻后-25～-20℃保存作为冷冻产品销售。

七、质量控制

屠宰前后的检疫、检验，胴体的肉品质量检验，要求胴体组织状态、色泽、气味、有无异物或损伤等感官检验和理化指标检验合格后，根据相应标准对白条鹅进行分级包装。对有疫病疑似的，感官鹅体有损伤的，色泽、气味异常的，有异物污染的需要处理或剔除。

　　鹅规模化屠宰加工需要自动化屠宰，提高劳动生产率，降低加工成本，保证产品质量。鹅自动化屠宰以流水线作业形式（图6-1），从屠宰放血、浸烫煺毛、上蜡去细毛、净膛、分割分级、称重包装、预冷、贮藏等各个屠宰环节，以自动化操作为主，其中煺毛以后均在冷链环境中实施。自动化屠宰具有高效率、高质量、标准化优势，是养鹅业规模发展的趋势。

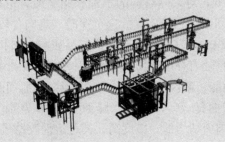

图6-1　自动化屠宰流水线

❓ 案　例 >>>

狮头鹅小型屠宰场

　　狮头鹅体型大，目前商品肉鹅养殖规模不大，整批屠宰量小，且出栏上市时间变化大，出栏肉鹅个体大小有差异，一般大型屠宰场不能适应生产需要。采用小型屠宰场屠宰，在屠宰时间、数量和鹅的个体要求等方面比较灵活，对场地要求相对较低。狮头鹅小型屠宰场一般需要建设放血、开膛等几个平台，配置煺毛机、小型冷库，具有鹅待宰栏和屠宰场污水处理设施。屠宰时，鹅挂钩、放血、沥血后，在烫毛池浸烫，进入煺毛机脱毛后，再石蜡池脱毛，去除细毛，开膛后胴体清洗，进入冷库预冷或贮藏，整个过程以人工操作为主。

专题二 鹅肉的加工

一、鹅肉特点

1. 营养特点 鹅肉瘦肉率高，肌纤维粗嫩，肌间脂肪含量适宜且分布均匀，含水量少。鹅肉蛋白质含量比较高，含有多种氨基酸，脂肪含量比较低，对人体有益的不饱和脂肪酸含量高于鸡、鸭肉。鹅肉肌纤维中肌红蛋白较多，故肉色深暗（鸡肉含较多肌白蛋白）。鹅肉中结缔组织少，其嫩度优于牛肉，品质与牛肉相近。此外，我国中医认为鹅肉还有补虚益气、暖胃生津和缓解铅毒等之功效。

2. 物理性能 鹅肉组织中肌纤维含量高，肌间脂肪分布均匀。据测定，浙东白鹅 70 日龄胸、腿肌剪切力分别为 26.56 牛和 22.74 牛。鹅肉剪切力低，嫩度高，其可溶性胶原蛋白含量高。

3. 特色风味 各地由于自然条件、风俗习惯不同，鹅肉消费也形成了许多地方特色。如浙东白鹅以"白斩"食用为主，通过长期选育，形成了肉质鲜嫩的风味；阳江鹅、马冈鹅则以烧鹅消费为主，皮下脂肪容易沉积，通过烧烤，形成脆香的口味等。我国地方品种鹅由于产地环境、社会条件和消费习惯不同，均有不同程度的特色风味。同时，肉风味与养殖时间有关，养殖时间长，鲜味氨基酸含量增加，挥发性风味物质己醛含量越高，肉鲜香味越好。

4. 安全特点 鹅是以食草为主的水禽，粮食类谷实饲喂比例低，其活力、抗病力比较强，相对鸡、鸭疾病较少，抗生素等药物使用少。因此，肉中抗生素、重金属及农药等有毒有害物质残留量低。

二、鹅肉产品类型

1. 鹅肉 最简单的是鹅肉分割加工。鹅肉深加工生产各种风味的罐头、香（灌）肠、肉馅、肉酱、肉松、火腿、肉干、烤串等产品，能使鹅产品自然走进百姓家。传统地方特色的鹅肉加工产品有白斩（切）鹅、盐水鹅、烧鹅、烤鹅、卤鹅、风鹅、腊鹅、糟鹅、熏鹅、酱鹅、板鹅等。南京、扬州的盐水鹅、板鹅久负盛名，广州则偏爱烧鹅、卤鹅，而白斩鹅、熏鹅和酱鹅则分别是浙江宁波、温州、杭州的传统食品，风鹅在江苏地区较为流行。

2. 鹅副产品

（1）鹅油　制作糕点，如做桃酥，色形良好，酥脆不粘牙、不腻口，不加任何佐料却有一种诱人的清淡香味。利用鹅油熔点低好吸收的特点，还可用来做化妆品。

（2）鹅骨　鲜骨经打碎、粉碎、胶体磨研磨成口感无沙样，这种鲜骨泥酱可添加到各种香肠、馅、罐头里，是很好的廉价优质钙补充原料。

（3）鹅血　鹅血豆腐是火锅的上等食材。鹅血经离心分离出血细胞后呈半胶状，乳白色的血清有一种鲜味，可做糕点、香肠等食品添加剂。如有名的法兰克福香肠添加了 2％鹅血，英国的黑香肠添加了 50％～55％鹅血，用以提高香肠的质量和风味。

（4）其他　鹅肠是消费者喜爱的产品，也是火锅的上等食材。鹅胗（肫）可加工成多种休闲产品，受年轻消费者欢迎。心、肝、舌等是受市场欢迎的日常消费品，可以生产调味酱等产品。鹅胆可作为制药原料，提取脱氧胆酸和胆红素。

？案 例 >>>

鹅肉感官评价

鹅肉品质是影响鹅肉加工的主要因素，如潮汕卤鹅需要狮头鹅加工，朗德鹅加工广东烧鹅口味要变异。因此，鹅肉品质理化测定不能全面体现肉质特性，很多其他未知影响肉质特性的物质以及含量、比例无法测定。因此，感官评价是目前评定鹅肉总体品质的一个主要方法。感官评价包括活体外形感官评价、屠体性能感官评价和熟制肉质感官评价，其中重点是熟制肉质感官评价。

2019 年，我们制定浙东白鹅肉质感官评价评分机制，采取编号盲评方式，由水禽、畜牧兽医、食品加工领域的 11 位专家组成品鉴专家组，以朗德鹅和罗曼鹅为对照，对浙东白鹅肉的色泽、汤汁、风味、饱汁力、质地等方面进行了细化打分，结果浙东白鹅、罗曼鹅、朗德鹅的依次得分为 84.17、78.63 和 74.26 分，表明浙东白鹅的肉质较优。

专题三　鹅蛋的加工

鹅蛋营养丰富，适宜人体的营养需要，是鹅产品加工的内容之一。

一、鹅蛋的构成及营养

鹅蛋比其他禽蛋个体大，蛋壳约占蛋总重量的 16%，蛋白约占 52.5%，蛋黄约占 31.5%。鹅蛋的化学成分为：水分约 70.6%，蛋白质约 14.0%，脂肪约 13.0%，碳水化合物约 1.2%，无机物约 1.2%。鹅蛋中含有丰富的营养成分，如蛋白质、脂肪、矿物质和维生素等。鹅蛋中含有多种蛋白质，最多和最主要的是蛋白中的卵白蛋白和蛋黄中的卵黄磷蛋白。蛋白质中富含有人体所必需的各种氨基酸，是完全蛋白质，易于人体消化吸收，其消化率为 98%。鹅蛋中的脂肪绝大部分集中在蛋黄内，含有较多的磷脂，其中约有一半是卵磷脂。这些成分对人的脑及神经组织的发育有重大作用。鹅蛋中的矿物质主要含于蛋黄内，铁、磷和钙含量较多，也容易被人体吸收利用。鹅蛋中的维生素也很丰富，蛋黄中有丰富的维生素 A、维生素 D、维生素 E、核黄素和硫胺素。蛋白中的维生素以核黄素和烟酸居多。这些维生素也是人体所必需的维生素。

二、商品蛋的主要用途

商品蛋是指专门供给人们消费和加工的鹅蛋，包括不合格或停孵后的种蛋、无精蛋、专门饲养母鹅所产的蛋，其用途比较广泛。

（一）直接烹饪食用

新鲜的鹅蛋可供人们煮、蒸、炒、煎等熟制食用，或者作为食品工业原料，加工蛋糕、面包等食品。

（二）加工再制蛋

再制蛋是指经过加工仍保持蛋的原有形态不变。再制蛋是利用新鲜蛋经碱、盐、糟等辅料制成别有风味的皮蛋（松花蛋、彩蛋）、咸蛋（腌蛋）和糟蛋等。再制蛋不仅具有良好的风味，而且保存时间长，是人们喜爱的佳肴。

（三）加工熟制蛋

熟制蛋是指利用新鲜蛋经过高温处理后制成的具有一定风味的熟制蛋，包括茶蛋、虎皮蛋和卤蛋等。

（四）加工蛋制品

蛋制品是指利用新鲜蛋的内容物加工制成的蛋品，主要制品有冰冻类和干蛋类。冰冻类是将蛋壳去掉用蛋液冻结而成，有冻全蛋、冻蛋黄、冻蛋白之分。这些冰冻类蛋制品主要用于食品工业。干蛋类是去掉蛋壳，利用内容物经加工制成干蛋品，有全蛋粉、蛋黄粉、蛋白粉之分。这些干蛋类制品不仅为食品加工所利用，而且还可为纺织、皮革、造纸、印刷、医药、塑料、化妆品等工业所利用。此外，鹅蛋还可加工蛋白胨、蛋壳粉和提取卵磷脂等。

> **⊙小知识——鹅蛋药用价值**
>
> 《饮食须知》等记载，鹅蛋味甘，性微温，有补中益气作用。据说民间吃鹅蛋有催奶、治咳、补脑益智、降压减脂和祛湿镇邪等作用，有清脑益智、增强记忆的功能，治乳腺增生，与蒲公英合用治糖尿病，加豆浆催乳、去胎毒，与马齿苋合用治小儿哮喘，与香菜合用预防中风，鹅蛋清加白酒治烫火伤，鹅蛋清治热毒疮疡。

专题四　鹅肥肝加工

鹅肥肝是一种新型的家禽产品，是指达到一定月龄，生长发育良好的肉用仔鹅，通过在短时期内，人工强制填饲大量的高能量饲料——玉米，使其快速肥育，并在肝脏中大量积贮脂肪，而形成一种比正常的鹅肝大 5～6 倍，甚至 10 倍以上的特大的脂肪肝。在国外鹅肝被认为是世界三大美味之一的高档营养食品，在国内消费群体日趋增大。

一、肥肝鹅的屠宰

根据肥肝生产特点，肥肝鹅的屠宰包括宰杀、放血、浸烫、脱毛、拔细毛和洗净六个程序。

（一）宰鹅

宰鹅有两种方式，一种是原始的手工操作，助手右手紧握鹅的两脚，左手捉住鹅的两翅，把鹅保定；屠者用刀切断喉部气管与颈动脉放血，但鹅体重力大，保定鹅是很累的。法国农家采用一种简单的设备，将鹅倒塞在一只漏斗形的装置中，漏斗的上方正好将鹅的两翅保定，人工割断颈部气管与动脉后，鹅血流在下设的一只圆盘中，一次可放宰鹅 5 只。另一种改进的方法，是用一只较大的圆锥形转盘，把肥鹅的两脚倒挂在转盘上面，下面有一扎钩可扎住鹅的鼻孔，把鹅保定，随后在颈部宰杀放血，鹅血流到转盘下的血槽中，再流入桶内集中。

目前国外采用先进的机械宰鹅流水线。在肥鹅运到肥肝食品厂时，卡车直接开到屠宰车间的门口，运输员将装在运输笼中的鹅取出，两脚朝上倒挂在宰鹅流水线的悬挂传送链上。随着传送链的传动，肥鹅倒挂送入屠宰车间，人工割断喉部气管与颈动脉放血，鹅血流入传送链下面的不锈钢集血槽内集中。这样宰好的肥鹅一边放血，一边随着传送链倒挂着移动，经 5 分钟左右，鹅血正好放完，悬挂式的传送链也逐步降低高度，把宰好的鹅放入浸烫池。采用这种方法屠体放血充分，可使屠体白净，同时肥肝质量和色泽也较好。

（二）浸烫

放血一结束，屠体即浸入 65～70℃ 的热水槽中浸烫。由于鹅的尾脂腺发达，羽毛上带油，热水不易浸入毛根，因此需用木棍轻轻搅动，使热水能浸入羽毛里，但要注意不要触及腹部，以免损伤肥肝。采用机械化宰鹅流水线的，浸烫槽中设有流动装置，可以省去人工搅动。鹅的屠体倒挂在传送链上，缓慢地随着流水线的传动，在浸烫池中浸烫 3 分钟左右，即随流水线传动到脱毛机。浸烫的水温很重要，水温过高，会造成"热烫"，影响屠体质量；水温过低，会使拔毛困难。

（三）脱毛

浸烫结束，传送链即将屠体运往脱毛机脱毛。这种脱毛机仅适于肉用禽的脱毛，而生产鹅肥肝的屠体，由于肥肝有一半是在腹部的，使用脱毛机往往会把肥肝破坏，因此为了获得优质的鹅肥肝，即使在使用宰鹅流水线的国外，也情愿采用手工拔毛。拔毛时先将浸烫过的鹅放在长方形的长桌上，先趁热拔除两翅的翼羽，每鹅可拔取供制羽毛球的翼羽（俗称"大令毛"）10～13 根，将其另行放置、晒干后，每千克售价要比鹅毛贵 4 倍。接着用手捋去鹅胫、蹼以及喙上的表皮，随后趁屠体温热之际，把全身的羽毛全部拔光。然后在清水中把所有细毛拔光。

（四）洗净

最后将屠体喙内、舌根和颈部刀口的血液，全部用清水冲洗干净；再把整个鹅体洗净。随后切除头、颈、翅尖和距、蹼。

二、屠体的预冷和凝结

屠体洗净后，胸腹部向上，平放在特制的金属车架上，车架分七层，每层可并排放屠体 5～7 只，沥干水分后，将车架连同屠体一起推入 4～10℃ 的预冷车间，进行预冷。一般停放 18 个小时，使屠体冷凝和干燥。因为肥鹅的腹部充满脂肪，而鹅脂肪的熔点极低（32～38℃），如在脱毛洗净后立即剖腹取肝，会使腹脂流失；同时更重要的是鹅肥肝内脂肪含量高达 45％～60％，热肥肝十分软嫩，内脏还温热时就摘取肥肝，很容易抓破肥肝和胆囊，影响肥肝质量。因此须将屠体预冷，使屠体干燥，脂肪凝结，内脏变硬而又不至于冻结时，有利于剖腹取肥肝，取出后放入 1％的冷盐水中浸泡清除血水。

规模生产采用屠宰线屠宰加工，摘取肥肝工艺和加工条件合理，为了保证肥肝品质及流水作业，可以不进行预冷而直接净膛取肝，取出肥肝后，立即整形冷藏或冷冻。

三、肥肝摘取

填鹅的最终目的是取得优质合格的鹅肥肝，但是一些重要的副产品如鹅的胴体、腹脂、内脏等，也应该尽量地加以利用，以提高肥肝生产的经济效益。因此，在剖腹取肝时，应十分注意操作的方法，既要保证肥肝的高质量，还要尽可能保持胴体胸肌的完整性，使取肝后的胴体依旧受到消费者的欢迎。过去摘取肥肝主要采取开胸取肝的方法，把鹅的胴体从胸到腹面纵开两半，随后再摘取肥肝。采用这种方法主要是因为鹅肥肝有一大半是长在龙骨下面的，把腹面和龙骨全部剪开，有利于摘取肥肝，但把胸肌纵切两半，破坏了胸肌的完整性，无法再做烧鹅、烤鹅和盐水鹅等，降低地胴体的价值，出口亦不受欢迎。

目前采用的剖腹取肝的方法，即用刀沿龙骨后缘，从左到右开一横切口，再在腹中线作一纵切口，把整个腹腔打口，再取肥肝。这种做法，虽然保持了胸肌的完整，但胴体的完整性依旧破坏了，只能把鹅的胴体分割后供出口，影响了胴体的充分利用。

匈牙利的取肝方法既方便又卫生，还能保持胴体的完整性。值得推广。具体操作程序如下：

（一）开膛

将经过预冷的肥鹅屠体，从金属车架上取下，放置在操作台上，取肝者面向操作台站立，肥鹅屠体胸腹部向上，尾部朝向取肝者。操作时左手按压屠体保定，右手持刀，从鹅龙骨末端处开始，沿腹中线向下作一纵切口，一直割到泄殖腔前缘，把皮肤切开。但不能切得过深，以免将肥肝与肠管切破。随后在切口上端两侧皮肤各开一小切口，用左手食指插入胴体右侧小切口中，把右侧腹部皮肤勾起，右手持刀轻轻沿着原腹中线切口把腹膜割破，接着用双手同时把腹部皮肤、皮下脂肪连腹膜向两侧扒开，使腹脂和部分肥肝暴露出来。此时用左手从鹅体左侧伸入腹腔，把内脏向右侧扒压，右手持刀从内脏与左侧肋骨间的空隙中，把刀伸入腹腔，刀刃向下然后向右侧，刀刃到鹅体右肋骨处向上，把刀沿着肋骨、脊柱、肋骨与内脏间锯割，使腹腔中的内脏包括腹脂、肌胃、肠管、泄殖腔和部分肥肝等与胴体的腹腔剥离，只有内脏的上端还和胴体连接。然后把剖好腹的鹅胴体头向上、双翅背挂在流水线的悬吊传送链上，传送到取肝室。

（二）取肝

取肝工人面对着传送链上送来的鹅腹朝向自己的胴体，这时由于剖腹后内脏和胴体已剥离了，内脏下垂并部分突出在剖开的腹腔外，而鹅肥肝也大部分已落到腹部，因此取肝工人只要双手插入剖开的腹腔中，两手轻轻向上托住肥肝，把肥肝轻轻地向下钝性剥离，这时附在肥肝上的胆囊亦随之剥离肥肝，内脏和胴体一起随着传送链向下一车间输送。取肝时万一胆囊破裂，可立即将肥肝上残留的胆汁用水冲洗干净。取肝工人唯一的工作是取肝，每取好一只肥肝，冲洗一下双手；肥肝取下后立即放到身旁的操作台上，由另一工人将肥肝上的结缔组织与胆囊部位的绿色渗出物切除，随后整形、分级和装盒。

（三）取内脏

摘取肥肝后的胴体，连内脏随悬吊式传送链传到下一车间后，操作工人左手拉住胴体已剖开的腹部，把胴体保定，右手伸入腹腔把内脏掏出，放在身旁的操作台上；另一工人先将掏出的内脏中附着在内脏上的胆囊钝性剥离，随后将腹脂和内脏分离开来，把每只鹅的腹脂集中卷成一团，单独装盘。而第三个工人则将附在内脏上的心脏剥下，洗净后集中装盘；接着把鹅的肌胃割下、剖开，剥除肌胃中的角质层、洗净后集中装盘；鹅肠则用剪刀剖开后，洗净单独装盘。

四、肥肝的处理和分级

（一）分级

肥肝的分级是依靠人的眼力、嗅觉和手指来进行，在这方面分级人员的经验就显得特别重要。因为即使是同等体积的两块肥肝，由于质量不同，等级和价值亦不一样，而有经验的操作人员，就能根据肥肝的不同质量，进行恰当的分级。

（二）整肝

刚摘下来的肥肝，可用特制的塑料模型盘进行整形，再由肥肝分级员先用小刀修除附在肝上的神经、结缔组织和胆囊下的绿色渗出物，切除肥肝中的淤血、出血或破损部分，然后按肥肝的大小和质量进行分级，装入相应的塑料盘中。在装盘前还要先将肥肝用清水洗净，然后放入 1% 的盐水中浸泡 10 分钟，捞出后再用清洁的布将水吸干，然后再装盘。为保证肥肝尽可能新鲜和卫生，避免布上的纤维黏附到肥肝上去，确保肥肝的高质量，操作时在十分注意清洁卫生的前提下，可把冲洗、浸泡和吸干三道工序全部省掉。在整个取肝、处理和分级过程需要在冷链中进行（室内温度要求在 4～6℃）。

特级和一级鹅肥肝一般采用冰鲜形式运输，如果运输路线近，即在取肝室把肥肝处理和分级后，单个装入塑料食品袋，封口后，直接装入专用塑料盘。在塑料盘上下铺一层碎冰，冰上再放塑料盘连肥肝一起放入冷藏箱中，箱内可重叠放七层，关上箱门，用透明胶带封好，温度可保持在 2～4℃。把冷藏箱连肥肝一起用飞机、汽车或火车运往销售点，在这种温度下，经过 72 小时，肥肝也不会变质。

（三）碎肝

稍次的一级肥肝，主要用切块机切成肥肝块后出售。其他的二三级肥肝，是一些刚刚可以称为肥肝的小肝，这类肥肝在市场是不太受欢迎的。对碎肝最好进行深加工，作为肥肝酱的主要原料，在国内还可以加工成各种营养丰富、风味独特的即食食品。

（四）速冻

不鲜销的肥肝要进行速冻保存，方法是将刚摘下的鹅肥肝，逐只装入塑料袋，平放在铁皮盘中，放入－28℃的速冻库中速冻24小时，然后取出加以整形。先剔除肥肝上的结缔组织和摘除胆囊后残留在肥肝上的绿色痕迹，再用小刀刮除肥肝上的血斑。称重分级后，再将肥肝单只或2～3只一起，放入塑料食品袋中，分别按肥肝级别装入特制的瓦楞纸板箱中，每箱放鹅肥肝10千克，捆扎好箱子后，存放在－18～－20℃的冷库中，可保存2～3个月。

> **小知识——鹅肥肝的营养价值**
>
> 一般鹅肝重60～100克，而鹅肥肝重600～900克，大的重达2 300多克。这样巨大的鹅肝，并不是一种病态，而是鹅经过填饲后，鹅肝中不饱和脂肪、卵磷脂等养分大量沉积的可逆的生理现象。据测定，含脂肪60％～70％，其中软脂酸21％～22％，亚油酸1％～2％，中链脂肪酸及十六碳烯酸3％～5％，肉豆蔻酸1％，不饱和脂肪酸高达65％～68％。每100克鹅肥肝中卵磷脂含量为4.5～7克，核糖核酸9～13.5克。鹅肥肝还含丰富的维生素、多种消化酶、肝糖原、ATP、磷酸腺苷以及一系列有营养作用的物质，鹅肥肝在质量和重量方面均与正常的鹅肝有很大差别，因此营养十分丰富，对人体具有保健功能，特别是预防心脑血管疾病有很好的食疗价值。鹅肥肝质地细嫩，口味鲜美，还有一种独特的香味，可促进食欲。

? 案 例 >>>

鹅、鸭肥肝营养比较

鸭肥肝的生产成本低，其风味和营养成分与鹅肥肝有较大区别。肥肝以脂肪为主，鹅肥肝弹性好、硬度低，表6-1至表6-3可见，鹅肥肝的脂肪含量达71.28%，其中不饱和脂肪酸含量高4.38%，对人体健康有利的多不饱和脂肪酸更是高出1倍，鸭肥肝氨基酸总量高于鹅肥肝，但鹅肥肝的呈味氨基酸含量高于鸭肥肝。

表6-1 鹅、鸭肥肝的常规营养价值

	重量（g）	水分（%）	粗灰分（%）	粗蛋白（%）	粗脂肪（%）
鹅肥肝	1 034	34.78	0.48	6.39	71.28
鸭肥肝	632	31.48	0.67	8.05	62.26
P值	<0.001	0.002	<0.001	0.001	0.001

表6-2 每百克鹅、鸭肥肝的氨基酸含量

	鹅肥肝（g）	鸭肥肝（g）	P值
赖氨酸 LYS	0.323	0.420	0.001
异亮氨酸 ILE	0.200	0.263	0.001
亮氨酸 IEU	0.413	0.510	0.005
缬氨酸 VAL	0.233	0.310	0.002
苏氨酸 THR	0.223	0.247	0.008
胱氨酸 CYS	0.090	0.113	0.057
酪氨酸 TYR	0.190	0.233	0.023
苯丙氨酸 PHE	0.223	0.267	0.010
色氨酸 TRP	—	—	
天门冬氨酸 ASP	0.357	0.393	0.008
丝氨酸 SER	0.200	0.240	0.008

（续）

	鹅肥肝（g）	鸭肥肝（g）	P 值
谷氨酸 GLU	0.507	0.577	0.001
甘氨酸 GLY	0.230	0.260	0.007
蛋氨酸 MET	0.027	0.053	0.047
丙氨酸 ALA	0.030	0.373	<0.001
组氨酸 HIS	0.157	0.203	0.035
精氨酸 ARG	0.197	0.253	0.010
脯氨酸 PRO	0.157	0.220	0.050
必需氨基酸 FAA	1.642	2.070	
非必需氨基酸 NEAA	2.385	2.870	
EAA/NEAA%	68.85	72.13	
EAA/TAA%	40.77	41.90	
氨基酸总量 TAA	4.027	4.940	

表 6-3　鹅、鸭肥肝的脂肪酸含量

	鹅肥肝（%）	鸭肥肝（%）	P 值
肉豆蔻酸 14：0	0.78	0.78	0.901
棕榈酸 16：0	27.73	23.17	0.001
硬脂酸 18：0	10.49	17.30	0.003
油酸 18：1	54.60	55.52	0.511
亚油酸 18：2	2.22	1.84	0.639
亚麻酸 18：3	1.78	1.75	0.713
花生酸 20：0	0.31	—	
二十碳烯酸 20：4	3.10	—	
饱和脂肪酸 SFAs	39.31	41.25	
不饱和脂肪酸 UFAs	61.70	59.11	
单不饱和脂肪酸 MUFAs	54.60	55.52	
多不饱和脂肪酸 PUFAs	7.10	3.59	

专题五　羽绒的收集加工

鹅的羽绒柔软轻松、弹性好、保暖性强，经加工后是一种天然的高级填充料，可制成各种轻暖的防寒服装，如羽绒服、羽绒背心、羽绒裤和羽绒大衣等；也可以加工成羽绒被、羽绒枕头、羽绒睡袋以及羽绒垫子等高档卧具。鹅毛还是制作羽毛球、羽毛扇和羽毛画的原料。鹅毛中的下脚料可加工羽毛粉，作为家禽的蛋白质补充料；或者粉碎后连灰沙杂质等一起作为农用的有机肥料。

一、羽绒的收集

合理采集羽绒是提高羽绒产量、质量和利用价值、经济效益的关键。所谓合理采集羽绒就是按照羽绒结构分类及其用途分别采集，以使各类羽绒完整无损，不污染、不混杂，分别整理、包装，提高羽绒综合利用的价值。我国的鹅毛收集，历来沿袭宰杀后拔毛的方法，即宰杀后一次性把周身羽绒全部取下来的方法。就拔毛方式看，可分为干拔鹅毛、水烫鹅毛和蒸拔鹅毛等三种。

（一）干拔鹅毛

在宰鹅后放血将尽而屠体还温热之际，手工将鹅的羽毛迅速拔下。这样干拔的鹅毛，质量较好，色泽光洁，杂质也少，但较费人工，大批集中宰杀时不易做到，目前仅在少数地区的农家采用。随着规模化养鹅的兴起，为了提高鹅毛质量和售价，采用一种改进的干拔鹅毛法，就是在大量鹅集中宰杀放血后，分批将屠体放在70℃的热水中稍泡一下，然后挂起沥去水分，擦干毛片，使屠体受热皮肤毛孔舒张，然后趁热拔去羽毛，再将内层较干的绒朵用手指推下，从而大大提高拔毛的效率。干拔鹅毛的原理是一致的，这种方法对提高鹅毛的质量是有效的，值得推广。

（二）水烫拔毛

这是我国绝大多数农家传统的拔毛方法。宰鹅放血后浸入70℃左右的热水中，水烫后再拔毛，这种方法羽毛容易拔下，但鹅毛经热水浸烫后，弹性降低，蓬松度减弱，色泽受到影响。加上白鹅毛、灰鹅毛混杂一起，鹅毛中最珍贵的部分——"绒朵"，混浮在浸烫的热水中常随水一起倒掉。一些家禽屠宰场，虽有屠宰流水线，屠体经浸烫后由脱毛机脱毛，但不少"绒朵"亦常随水一起流失；屠宰场往往又同时缺乏羽毛脱水烘干装置，依靠日光晒干。在湿毛晒干过程中，如遇到持续阴雨天气，鹅毛易结团、霉烂变质；即使天气晴朗，"绒朵"亦易随风飘失，同时又常混进灰沙杂质，严重影响鹅毛的质量。今以江苏和安徽一带收购的水烫鹅毛为例，其中能够使用的"毛片"、珍贵的"绒朵"、使用价值很低的"翅梗毛"（其中部分可做羽毛球和羽毛扇原料）和灰沙杂质所占的比例见表6－4。

表6－4 水烫鹅毛原毛中各种成分比例（%）

名称	夏秋季鹅毛	冬春季鹅毛
毛片	40	41
绒朵	7	11
翅梗毛	27	32
灰沙杂质	26	16
合计	100	100

由表可见，虽然冬春季产的鹅毛含绒量高于夏秋季产的鹅毛，质量要好些，但其可以利用部分亦只占50%多点，其中含绒量也只有11%。而外贸部门出口鹅毛原毛的最低要求是：毛片占70%，绒朵占15%，其他杂次品总量不超过15%（其中最高允许量为"薄片"5%，鸡毛1%，灰沙杂质9%）。对照出口要求，目前国内收购的水烫鹅毛，质量是很差的，必须经过加工处理，把占羽毛重量一半左右的翅梗毛和灰沙杂质去掉，才能作为出口的原料供加工使用。

（三）蒸拔鹅毛

蒸拔鹅毛法是近几年来人们为了提高羽绒的利用价值，按羽绒结构分类和用途采用的一种采集羽绒的新方法。这种方法采用的工艺原理是活体拔取羽绒方法和水烫法的有机结合，达到分类采集羽绒的目的，提高含绒比例，做到羽毛和羽绒分别出售，提高经济效益。具体做法是：在大铁锅内放水加温使水沸腾。在水面 10 厘米以上放上蒸笼或蒸筐，把宰杀沥血后的鹅体放在蒸笼或筐子上，盖上锅继续加温，蒸 1～2 分钟。拿出来先拔两翼大毛，再拔全身正羽，最后拔取羽绒，拔完后再按水烫法，清除体表的毛茬。使用这种方法应该注意的是：

1. 往蒸笼内放鹅体时，不要重叠、挤压，要把鹅体放平，使蒸汽畅通无阻地到达每只鹅的每一个部位。

2. 鹅体不能紧靠锅边，防止烤燃羽绒。

3. 要严格掌握蒸汽的火候和时间，严防蒸熟肌体和皮肤。掌握蒸汽火候和时间的办法是：烧火人员和掌握熏蒸的人员要相互配合，特别是掌握熏蒸的人员要看蒸汽情况灵活掌握，蒸 1 分钟左右，应揭开锅盖将鹅体翻个儿，再蒸 1 分钟左右，拿出来试拔翅翼的大毛，如果顺利拔下，说明火候正好，可以拔取；如果费力大拔不下，就再蒸 1 分钟左右。

4. 拔取羽绒顺序是先拔体羽，后拔绒羽。拔取手法同活拔羽绒的方法。

这种方法能按羽绒结构分类及用途分别采集和整理，也能使不同颜色的羽绒分开，不混杂，更主要的是能够提高羽绒的利用率和价值。但该方法比较费工，需要多道工序，用劳力较多，尤其是拔完羽绒后，屠体表面的毛茬难以处理干净。有时拔取羽绒操作人员技术不熟练或者应用手法不当，会将绒子拔断，形成飞丝或半朵绒。

二、活体羽绒收集

根据鹅的换羽生理特性，收集羽绒，是一项极有推广价值的实用新技术，但活体收集羽绒一定要和鹅的日龄、当地的气候、养鹅的季节相结合，尽量做到不影响产蛋、配种、健康，不影响或少影响鹅的生长发育。鹅换羽时，羽根毛细血管萎缩，毛囊退化，毛孔变松，羽绒会脱落，此时可用人工方法拔下收集。在换羽时拔下并收集羽绒，既可以增加羽绒收入，又可促使鹅的生产性能得到统一，还可以防止羽绒自然脱落乱飞影响环境。

（一）鹅的选择

1. 肉鹅 90日龄开始第一次拔毛，以后每隔5周拔毛一次，到9月结束，可连续拔毛3～4次，气候、饲养管理条件等影响拔毛间隔时间，每次拔毛间隔时间一般为45～50天，以绒羽长度和拔绒量等指标综合评定下次再拔时间，如果最后一次拔毛后，季节已不再适于拔毛，可隔4～5周等鹅毛基本长齐后，肉用仔鹅的肥度较好时，将鹅适时出售，作为烤鹅或鹅胚供填饲生长鹅肥肝之用。浙东白鹅等出栏日龄小的肉鹅不宜进行（浙东白鹅55～65日龄就开始换羽）。

2. 生产肥肝鹅 肉用仔鹅放牧饲养到70～80日龄时，如还不能立即用于填肥生产肥肝，要再养1个多月，恰好可以拔1次鹅毛，等新毛长齐后再填饲，如果这时恰值高温季节，不宜生产肥肝，也可以再连拔1～2次羽绒，等到秋凉以后新毛长齐再进行填肥。

3. 后备种鹅 早春孵出的雏鹅，到5～6月毛已长齐，留作后备鹅要到10月初新毛再长齐方开始产蛋，可以在换毛前开始拔毛，约可拔4次毛。

4. 休蛋、休配期种鹅 种鹅产蛋后期进行诱导换羽可促进新陈代谢，达到产蛋期统一的目的，提高产蛋率。南方鹅种5月左右产蛋结束后，种鹅毛囊收缩，羽毛逐渐干枯，开始陆续换羽时进行第一次拔毛，以后每隔5周拔毛一次，可连续拔毛3～4次，每次产毛约120克。如果种鹅采用二次产蛋制的，为了保证鹅群在10月后第二次产蛋，就只能拔两次毛了。拔毛期一般在4～9月。

（二）羽绒收集技术

羽绒收集依靠手工操作来进行，所以拔毛前的准备工作，拔毛时的操作技术与拔毛后的护理，都显得十分重要。

1. 收集前的准备 在开始羽绒收集前一天，应抽出几只鹅进行试拔，如羽毛容易拔下，而且毛根已干枯，无未成熟的血管毛，说明羽毛已经成熟，正好拔毛；反之，则应再饲养一段时间，等羽毛长足成熟时再拔。拔毛前2～3天饲料和饮水中添加维生素C和抗应激的药物。拔毛前还得注意气象预报，选择天气晴朗的日子，拔毛的当天从清晨开始就要停止喂料和饮水，以便排空粪便，防止拔毛时鹅粪的污染。如果鹅群羽毛很脏，可在清晨赶鹅群下河洗澡，随后上岸理干羽毛后再行拔毛。在拔毛前还要检查鹅群一遍，将体质瘦弱发育不良，体型明显小的弱鹅剔除。拔毛应选择避风向阳之处，最好在室内，以免羽绒飘失；同时地面要打扫干净，最好再铺上一层干净的塑料薄膜或者旧报纸，以防掉落到地面上的羽绒被尘土污染。设备是比较简单的，首先要准备好围鹅用的围栏等，以便把鹅群集中围在一起；其次要准备好放鹅毛绒的容器，一般常用的是木桶、木箱，也可以用塑料盆代替，但要求深一点的，以免将绒毛放入盆内时，飘散到盆外。还要准备一些塑料袋，把盆中拔下的鹅毛集中到塑料袋中贮存；另外还要准备几张凳子以便人坐在凳子上拔毛；最后要准备一瓶红汞药水，万一拔毛时拔破皮肤，可在局部擦上红汞药水消毒，操作时要穿上工作裤，佩戴口罩。

2. **拔毛时的操作方法** 生长在不同部位的鹅毛，其使用价值也不同。鹅毛绒主要用作羽绒服装和卧具的填充料，需要的是含"绒子"量高的羽绒和长度在6厘米以下的"毛片"，所以拔毛的主要部位应集中在胸部、腹部、体侧和尾根等"绒子"含量较高之处。当然颈的下部的羽毛也可以拔取，但产量较少；背部的羽毛同样可用，但"绒子"含量较低。因此，在国外收集鹅毛仅限于颈下、胸部、腹部、体侧、腿侧和尾根部等羽绒丰盛之处。目前有人提出除掉拔上述部位外，再拔鹅翅膀上的羽毛和尾部的尾羽。这类羽毛主要是一些"翅梗毛"（大硬梗），羽片硬直，羽轴粗壮，轴管长大，不能用作羽绒被服的填充料，但可用于羽毛球和羽毛扇的原料。翅羽和尾羽除在种鹅休蛋、换毛期可拔一次外，原则上不宜多拔。因为只有少数羽绒厂生产羽毛球等产品，同时这类羽毛又不能用于羽绒生产，只能作为羽毛粉的原料，使用价值低，而生长恢复又需消耗大量的营养，所以除特殊需要外，不拔为宜。拔毛时要做好鹅体保定。目前国内有两种保定方法：一种是人坐在凳子上，用一只手抓住鹅的脖子，或者两脚、双腿夹住鹅体，使其腹部朝上，用另一只手拔毛；另一种是拔毛者两脚轻轻踏住鹅的两掌，鹅体靠在拔毛者双腿中间，一手抓住头颈，一手拔毛。匈牙利有一种保定方法比较合理：人坐在凳子上，把鹅胸腹部朝上，鹅头向人，平放在人的两腿上把鹅头按在人的两腿下面，用两腿同时夹住鹅的头颈与两翅，使鹅不能动弹。这样拔毛者两只手都能空出来，就能一手按压皮肤，一手拔毛，两只手轮流操作，能避免手酸；同时用这种保定方法，鹅无法挣扎，人也不费劲，值得推广。

拔毛时先要从颈的下部，胸的上部开始拔起，从左到右，自胸至腹，一排排紧挨着用拇指、食指和中指捏住羽绒的根部，一把一把地往下拔。拔时不要贪多，特别是第一次拔毛的鹅，毛根紧缩，遇到较大的毛片时，每把最多拔 2～3 根，一次拔得过多，容易拔破皮肤。胸腹部的羽毛拔完后，再拔体侧、腿侧和尾根旁的羽绒，随后把鹅头从人的两腿下拉到腿上面，一手抓住鹅颈上部，另一只手再拔颈下部的羽毛；最后把鹅身翻过来，用两腿夹住鹅体与两翅，拔背部的羽毛。拔下的羽毛要轻轻放入身旁的木箱或塑料盒中，放满后要及时装入塑料袋中，装满、装实随后用绳子将袋口捆紧贮存。通常三人拔毛，一人负责把鹅捉住交给拔毛者，这样如果操作熟练，每 6～8 分钟就能拔完一只鹅，平均每人每天工作 8 小时，可拔鹅毛 50 只左右。拔毛时要注意把灰鹅毛与白鹅毛分开存放，不能混淆，同时不能将绒子拔断，否则收购时售价就会降低。另外拔毛时常常因为操作时不小心，动作过快或一次拔得过多，而将皮肤连鹅毛一齐拔下，这时应在鹅的皮肤伤口上涂上红汞药水消毒，并注意改进拔毛方法，尽量避免鹅体受伤。拔毛结束，即应将鹅轻轻放下，让其自行去放牧地吃食、饮水，但在鹅舍内应多铺干净的垫草，保持温暖干燥，以免鹅的腹部受潮受凉。刚拔完毛的鹅不要急于放入鹅群中，特别是对于那些颈、背部都拔过毛的鹅，鹅群往往"欺生"群起而攻之，但等大多数鹅都拔过了毛，彼此也就是无所谓了。一般经拔毛后的鹅，无不良反应或死亡事故，但也有一些鹅因捕捉时动作粗暴，或保定时两腿把鹅的头颈与翅膀夹得过紧，把鹅放下后出现窒息现象，应让其自然躺下，一般会慢慢恢复；有些鹅会出现翅膀下垂，精神萎靡的症状，2～3 天后也会恢复正常。

活体收集羽绒一般不会造成鹅死亡（当然身体病弱的鹅和操作时过于粗暴外），在正常情况下，新鹅羽毛长足以后和种鹅休蛋期，遇到天气炎热或秋季，都会自动换毛，脱落旧羽，长出新毛，这是正常的新陈代谢现象，不会造成鹅的死亡；即使是拔破一点皮肤，擦上红汞药水后，只要鹅舍地面多垫些干净的垫草，伤口也会很快愈合的。

3. 药物脱毛　活体收集羽绒的另一种方法是药物脱毛，所用的药品叫复方脱毛灵，又称复方环磷酰胺。每千克体重用药剂量为 45～50 毫克。使用时一人固定鹅并将鹅嘴掰开，另一个人将计算好的药物投入鹅舌根部。用 25～30 毫升清水送下。投药时，如用胃管将药直接送到胃内更好。服药后让鹅多次饮水。鹅服药后 1～2 天食欲减退，个别鹅排出绿色稀便，3 天后即可恢复正常。服药后 13～15 天拔毛。拔毛前，鹅要停食 1 天，拔毛前 1 天让鹅下水进行洗浴，使其身体干净，保证绒毛质量。拔毛后要护理。鹅药物脱毛的关键是掌握好药物的剂量；药品保管时要避免防潮，勿氧化失效；鹅服药后，要注意观察，不要让鹅把药片吐出来；弱、病、老鹅（5 年龄以上的）及即将出口的鹅，不宜药物脱毛。

小规模的，还可灌酒麻醉，放松毛囊肌肉，扩张毛囊、松弛皮肤，有利于拔毛。拔毛前 10 分钟左右，给每只鹅灌 45％浓度的食用酒精或白酒（52 度）10～12 毫升。

（三）活体羽绒收集后的饲养管理

活体羽绒收集虽是利用其换羽的生理特性，但是捕捉、拔毛对鹅来说是一个比较大的外界刺激，鹅的精神状态和生理机能均会因之而发生一定的变化：一般为精神委顿（俗称"发蔫"），活动减少，喜站不愿卧，行走时摇摇晃晃，胆小怕人，翅膀下垂，食欲减退，有的鹅甚至表现体温升高、脱肛等。上述反应一般在第2天可见好转，第3天就基本恢复正常，通常不会引起疾病或造成死亡。但经过羽绒收集，鹅体失去了一部分体表组织，对外部环境的适应能力和抵抗力均有所下降。这时，如果不加强饲养管理，不给鹅只创造一个适宜的生活环境，它就会被淘汰。因此，为保证鹅的健康，使其尽早恢复羽毛生长，应加强拔毛后的饲养管理。

1. 创造一个适宜的生活环境 应将收集羽绒后的鹅只放入舍内。舍内应保暖不透风，地面应平坦、干燥，并铺上新鲜干草。收集羽绒后5～7天内，均应在舍内活动。如果是冬季，圈舍应盖塑料布保温或供热3～5天。

2. 防止烈日照射和下水 收集羽绒后的鹅全身皮肤裸露，3天内不要在强烈的阳光下放养，应在干燥温暖、清洁、地面铺以干净垫草的舍内饲养或舍附近放牧。3～7天内不要下水游泳和淋雨，放牧时不要在水源附近，防止透进水，使毛囊感染细菌而发病。夏季1～3天内还要防止蚊虫叮咬。

3. 加强营养 收集羽绒后，鹅体不仅需要维持体温和各器官所需的营养，还需较足的营养成分供羽绒的生长发育，所以应加强鹅的营养，适当多给鹅精饲料，给足氨基酸，特别是增加含硫氨基酸含量。收集羽绒后1～7天内，每日饲喂100～150克混合精料。混合精料应该有豆饼、麸皮、玉米面、高粱粉、鱼粉、骨粉、羽毛粉等，以增加蛋白质和能量供给，促进羽毛生长发育。下列配方可供参考：玉米33%，麦麸30%，谷糠13%，豆粕（饼）15%，鱼粉5%，羽毛粉3%，微量元素0.5%，食盐0.5%。蛋氨酸外加0.3～0.5%，每只每天130～180克。此外，还应有些青绿饲料。7天以后减少精料，增加粗饲料，多给青绿饲料。如果放牧，一定要去牧草丰盛的地方，让鹅吃好，另外应给予补饲。

4. 精心管理 收集羽绒后要注意观察鹅只的动态，以便采取相应措施。鹅只在拔取羽绒后有不同的形态表现，如出现摇晃、长时站而不卧、食欲不振等，这种现象是鹅只应激反应，属正常现象，只要有适宜的环境及合理的营养，1～2天内就可好转。如果拔羽后鹅只摆头、鼻孔甩水、不食、甚至不喝水，这是感冒症状，说明舍温低，应采取措施并进行治疗。拔羽绒后，如果拔破皮肤，应上药防止感染，一般用酒精消毒后，涂敷消炎药。

三、羽绒的贮藏与加工

（一）贮藏

收集的鹅羽绒不能马上售出时，要暂时贮藏起来。由于鹅羽保温性能好，不易散失热量，如果贮存不当，容易发生结块、虫蛀、霉烂变质，影响羽绒的质量，降低售价。尤其是白鹅羽，一旦受潮，更易发热，使羽色变黄。因此，必须认真做好鹅羽绒的贮藏工作。

1. 初加工　对收集的羽毛进行简单加工，有利于贮存安全，保证羽毛的质量，提高售价。为此，可将收集的鹅毛先用温水洗涤1～2次，洗去尘土和其他杂质。然后在草席、薄膜上或筛子里摊薄晒干，有风天时要用纱布罩上，防止被风吹散、飘失。晒干后用细布袋装好扎好，放置在通风干燥的地方，以备出售或进一步加工。

2. 防潮防霉　羽毛保温性能很强，受潮后不易散潮和散热，在贮藏或运输过程中，易受潮结块霉变，轻者有霉味，失去光泽，发乌、发黄；严重者羽枝脱落，羽面糟污，用手一捻就成粉末。特别是烫褪的湿毛，未经晾干或干湿程度不同的羽毛混装在一起，有的晾晒不匀或冰冻后未及时烘干，或存毛场潮湿，遮雨不严，遭受雨淋漏湿等，均易造成霉变。一定要及时晾晒，干透以后再装包存放。存放毛的库房，地面要用木杆垫起来，地面经常撒新鲜石灰，有助于吸水。要通风良好，有助潮气排出。

3. 防热防虫　羽毛散热能力差，加上毛梗（羽轴）中含有血、脂肪以及皮屑等，容易遭受虫蛀。常见的害虫有皮蠹、麦标本虫、飞蛾虫等。它们在羽毛中繁殖快、危害大。可在包装袋上撒上杀虫药水。每到夏季，库房内要用敌敌畏蒸汽杀灭害虫和飞蛾，每月熏一次。

4. 包装说明　包装袋上要注明品种、批号、等级及毛色，按规定进行堆放，防止标签脱掉或丢失，并定期检查发现问题及时处理。

（二）羽绒的加工程序

在一般情况下，羽绒加工有两种程序：一是水洗羽绒加工程序；二是不经水洗的羽绒加工程序。

1. 羽绒原料的质量检验　羽绒原料在加工前必须进行质量检验。因为加工前已知这批羽绒加工后的用途及质量要求，检验原料就能得知原料的质量，做到心中有数，并且依据加工过程中各环节绒的损失率及羽绒的清洁度，可确定加工方法和投入原料的数量，以便达到或接近加工后的质量要求。这样，就可减少加工中的盲目性，以便提高加工质量，降低加工成本，提高加工中的经济效益。原料的质量检验，要按照羽绒质量检验程序和方法进行。

2. 洗涤　将质检后的原料放入水洗机，加入适量温度适中的热清水和适量中性洗涤剂，将羽绒洗涤干净，达到所需求的清洁度标准。

3. 甩干与烘干　甩干与烘干就是去掉洗涤后羽绒中的多余水分，使羽绒干燥蓬松、易干分选。这一加工过程，在一般情况下是先用甩干机甩干，再进入烘干机烘干。

4. 分选　将干燥、蓬松的羽绒原料送入分选机内，控制分选机的风力，把绒子和大、中、小毛片分开，落入不同的集毛箱内。

5. 质量检验　羽绒原料加工后的质量检验是必不可少的程序。检验不仅仅是验证加工后的羽绒是否达到要求，而且也是检验各加工过程中所采用的方法是否得当及绒子的损失率是否合理，以便总结经验提高加工技术水平，降低加工成本，提高效益。更重要的是，得知各箱羽绒含绒率，可选择不同的用途，提高羽绒的综合利用率，增加经济收入。一般羽绒分选机是四厢（也有两厢的），每厢均要检验含绒率，含绒率最高一厢应全面质量检验。

不经水洗的羽绒加工程序是：羽绒原料的质量检验→除尘→分选→质量检验。这个加工程序与水洗羽绒加工程序相同的部分按水洗羽绒程序进行。除尘是将羽绒放入除灰机内，除去羽绒的杂质，达到标准要求。

（三）羽绒制品加工的基本要求

羽绒制品加工除利用不同质量的羽绒外，就是利用特别的专用布料（即防羽布）。这种布料经纬密度紧凑，坚固结实，毛片中的小硬梗或小毛片不能钻出。布料的颜色应该新颖多色，能够满足消费者的不同要求。

（四）废羽饲料加工

利用废羽及其下脚料，可生产畜禽所需的蛋白质饲料产品，如羽毛粉、氨基酸添加剂等。这一生产过程是综合利用羽绒资源不可缺少的加工业，它可充分利用羽绒资源中的下脚料及废弃原料，变废为宝，增加社会财富，减少对环境的污染。

目前，我国用羽毛加工饲料产品有三种方法：一是水解法，二是酸解法，三是碱解法。

1. 水解法　利用水为介质，在一定压力下加温将角蛋白的双键解开。做法是将羽毛放入水煮锅内，加入适量的水，在39.2牛压力下高温蒸煮2小时左右，再经24小时左右烘干，然后磨成粉。这种羽毛粉是动物所需的动物性蛋白饲料。有的在水解中加入适量的尿素或亚硫酸，以加速羽毛的水解。

2. 酸解法　利用稀酸溶液经过加温，使羽毛溶解在溶液中的方法。这种方法虽然未在生产中应用，但仍有发展前景。试验室的做法是：将清除杂质后的羽绒，放入10%的酸溶液中，浸泡24小时，再放入三颈烧瓶中，在常压下加温到煮沸，搅拌，使羽毛全部溶解，停止加热，自然冷却到常温，倒出溶液过滤，过滤液为氨基酸水溶液，可做饲料添加剂。

3. 碱解法　利用碱溶液经过加温，使羽毛溶解在碱溶液中的方法。用工业烧碱与水配成2%的碱溶液。其他做法与酸解法相同。

四、羽绒品质评定

(一) 感官判定

1. 上抛分层　在羽绒堆中取有代表性的小样，搓抖除去杂质后将鹅羽绒向上抛起，在下落过程中先落的是片羽，后落的是绒羽。如果羽绒下落的速度较慢，很难分清绒与羽的比例，估计含绒量在 20% 以上。如果抛起时能听到"刷刷"的响声，下落速度较快，绒与羽在下落时分离，估计含绒量 8%～10%。

2. 羽绒分拣　将搓抖去尽杂质的羽绒取代表性的样品放在桌面上，用镊子或手将羽和绒分开，目测估计两者之间的比例。从羽绒堆中取出有代表性的小样，先用双手搓擦羽绒，一方面使羽绒蓬松开来，另一方面可使杂质落下。同时，将大、中、小翼羽分拣出来，观察其含量，并鉴别杂羽和黑头率。然后再用双手连续搓擦，向下拍动数次，使羽绒再蓬松，绒羽舞起，羽绒内的杂质脱落下来，再轻轻用手一层一层地将羽绒中的杂质抖净。搓抖下的杂质用手指压住研磨，判定杂质的性质、轻重和估计含量。对疑似虫蛀过的羽绒，鉴别时可将羽绒摊开，仔细观察羽绒内有否蛀虫的粪便，羽中有无锯齿状残缺，用手拍羽绒时有无较多飞丝，如有所描述现象则说明已被虫蛀过了。鹅羽绒存放在潮湿的地方就容易发生霉烂。轻者羽绒带有霉味，白色变黄，灰毛发乌，没有光彩；重者绒丝脱落，羽枝缺失，轴管发软，羽面糟污，羽绒弹性丧失，用手一捻即成粉状，丧失使用价值。

(二) 品质检验

1. 蓬松度　指在一定口径的容器内，一定量的样品绒（羽毛）在恒重的压力下的体积。检测方法为，从实验室样品中抽取约 30 克试样，放入八篮烘箱中在 (70±2)℃温度下烘干 45 分钟，然后将样品用手逐把抖入前处理箱中，使其在温度 (20±2)℃、空气相对湿度为 (65±2)% 的环境中恢复 24 小时以上。将经蓬松处理后的样品称取 28.4 克，抖入蓬松仪内，用玻璃棒搅拌均匀并铺平后，盖上金属压板，让压板轻轻压于样品上自然下落，下降停止后静置

1分钟，记录筒壁两侧刻度数。同一试样品重复测试3次，以3次结果的6个数值的平均值为最终结果。

2. 耗氧量 指在10克羽绒（羽毛）样中消耗氧的毫克数。测定方法为，从实验室样品中取出10克的羽绒试样放入2 000毫升塑料广口瓶，加入1 000毫升蒸馏水，加盖密封后水平放入振荡器上下振荡30分钟。将塑料广口瓶内容物用孔径0.1毫米的标准筛过滤，所得滤液收集于2 000毫升烧杯中。在250毫升烧杯中加入100毫升蒸馏水作为空白对照样，加入浓度为3摩尔/升的硫酸溶液3毫升，将烧杯放于磁力搅拌器上，打开搅拌器。用微量滴定管（器）逐滴滴入0.1摩尔/升的高锰酸钾溶液，直至杯中液体呈粉红色，并持续1分钟不褪色，记录所消耗的高锰酸钾溶液的毫升数（A）。用量筒量取100毫升滤液，加入另一个250毫升烧杯中，加入3摩尔/升的硫酸溶液3毫升后，按上述方法用0.1摩尔/升高锰酸钾溶液滴定，最后记录所消耗的高锰酸钾溶液的毫升数（B）。耗氧量=（B-A）×80。

3. 透明度 羽绒样品的水洗过滤液用透明度计测量所得的测量值为羽绒的透明度，表示羽绒（羽毛）清洁的程度。测定方法为，将制备好的耗氧量测定样液倒入透明度计的容器中，慢慢升高容器位置，使样液通过软管进入带刻度圆筒，并使液面逐渐升高，从圆筒顶部向下观察底部的黑色双十字线，直至消失，再略向下移动容器，使双十字线重新出现并能看清楚，记录此时液面在圆筒上的刻度，即为该样品的透明度。

4. 残脂率 指水洗后羽绒（羽毛）单位质量的羽绒（羽毛）内含有的脂肪和吸附其他油脂的比率。测定方法（索氏抽提法）：准确称取羽绒试样两个，分别放于250毫升烧杯中，在（105±2）℃干燥箱中烘干2小时。将干燥的试样分别放入两个滤纸筒，然后分别放入两个预先洗净烘干的抽提器中。在另一个抽提器中放入空滤纸筒作为空白对照。把抽提器按顺序安装好，接好冷凝水，在每个预先洗净烘干并称量过的球形瓶中各加入120毫升的无水乙醚，将其放入水温控制在50℃的水浴锅中，接上抽提器，掌握乙醚每小时回流5～6次，总共回流20次以上。取下球形瓶，用旋转蒸发器回收乙醚。将留有抽提脂类的3个球瓶放入105℃烘箱中烘至恒重，取出置于干燥器内，冷却30分钟，分别称取质量。

> **◐小知识——羽绒保暖原理**
>
> 羽绒是一种动物性蛋白质纤维，星朵状结构的绒丝纤维表面呈鱼鳞状，密布着千万个三角形细小气孔形成的微小孔隙，含蓄着大量的静止空气，使羽绒的热传导系数降低，隔绝了空气流通和热量传递。羽绒球状纤维能随气温变化而收缩膨胀，可吸收人体散发的热量，产生调温功能，加之羽绒充满弹性，所以能够达到很好的保暖效果，是当前最好的保暖材料。

❓案例 >>>

羽绒企业发展实例

浙江三星羽绒股份有限公司1988年创立于世界著名羽绒之都——杭州萧山。从事羽绒及制品生产，兼以羽绒博物馆为核心，集旅游、文化、研发、商贸为一体的综合经营。属于我国羽绒业界首批国家高新技术企业之一，是国际羽绒羽毛局（IDFB）管理委员会成员、公共关系委员会成员及技术委员会成员，中国羽绒工业协会副理事长单位及功勋企业，中国羽绒国家标准起草单位，浙江省羽绒行业协会副会长单位。拥有5项国际认证、7项企业标准、1项团体标准（浙江制造）、10项专利及30多个注册商标。浙江三星羽绒股份有限公司对我国羽绒加工及价值体现发挥很大的作用，对提高养鹅效益作出了贡献。

思考练习

1. 简述鹅肉的特点。

2. 提高鹅肉的可加工性，鹅的屠宰要做好哪两个关键环节？

3. 为了提高肥肝的商品率和肥肝生产经济效益，鹅肥肝加工要掌握哪些关键环节？

4. 活体羽绒收集应注意哪些管理工作？

CHAPTER 7

第七讲
鹅场经营策略

本讲目标 >>>

本讲掌握养鹅业的生产经营方式和内容，了解鹅场经营的基本知识，制定发展规划和经营策略，避免盲目投资造成不必要的损失。

知识要点 >>>

鹅业生产经营方式包括鹅的品种保护与选育、种鹅生产、商品肉鹅生产和产业化生产经营等直接的生产方式，以及相关联的产业结合与服务。根据因地制宜、资源配置、量力而行、可持续性原则以及已有条件选择生产经营方式，进行可行性研究，确定生产经营规划和发展目标方向。科学合理的投资决策以及经营资金的多渠道筹措。在生产经营中，做好生产需求预测和市场竞争力分析，提高养鹅场经营管理水平。接受现代鹅产品营销理念，开展产业化生产经营。

专题一 鹅生产方式与规划

一、发展规划

具有一定的鹅业生产经营规模，为避免实施的盲目性，要求制定发展规划。不同鹅业生产方式具有不同发展规划。制定发展规划需要把握原则，确定生产方式、发展方向和目标。

(一) 制定原则

1. 因地制宜原则 根据鹅业生产方式和实施地社会、自然资源条件，以及当地和计划辐射地区市场情势，确定发展方向、目标和措施，可以降低生产经营成本，便于拓展鹅产品销售渠道。

2. 资源配置原则 分析明确资源优势和限制因素，合理配置生产和经营资源，提高资源利用效率。

3. 量力而行原则 必须按照自身实力（资金、技术）和可获得的支持（生产经营资源、产品市场、扶持政策等）来制定生产方式、生产规模、发展计划，并摸清和预测发展中存在的不利因素，制作负面清单和应对措施，避免超越自身能力而造成损失。

4. 可持续性原则 从鹅业的特性分析，鹅业生产与经营是一项长期的项目。因此，制定的规划应具有长期、持续发展的可行性。

(二) 根据条件选择生产方式

1. 根据生产环境选择 从事鹅业以及选择鹅业生产方式，首先考虑的是生产环境。实施的鹅业生产方式要与相对应的生产环境配套或融合，是产业成功的主要基础。比如，处在传统的养鹅地区，肉鹅生产发达，但种源主要靠外地调入，想从事鹅业，就可以分析，为什么当地种鹅养殖少，是没有适合的品种，还是种鹅饲养技术不过关，或其他原因？找到原因后，考虑自己可不可以解决，如能够解决，就可以选择种鹅养殖或种鹅生产方式。

2. 根据自身特色选择 根据自身优势选择生产方式，可以起着事半功倍作用。从自己熟悉的地方开始做起，再在生产和发展过程中，循序渐进，分步拓展生产范围，增加经营内容，提高成功概率。

3. 根据生产实力选择 量力而行是立于不败之地的关键，按照自身的综合实力选择生产方式和规模，并能留有余地。

（三）确定实施内容

1. 生产场地 按照确定的生产方式，选择的生产场地符合生产经营的技术要求以及发展规划总体要求和可持续发展要求。

2. 养殖和生产设施 采用的养殖和生产设施应该符合发展目标要求，在实力许可和实用条件下，选择的设施要先进，并预计使用寿命，防止在今后生产经营过程中提前淘汰或频繁更换，造成损失。

3. 经营内容 经营内容是实现经营目标的方向和基础，规划时，要科学地确定经营内容，如生产经营规模、经营产品及品牌、营销模式、发展目标和方向等。一旦确定，在生产经营过程中不能受到诱惑而轻易变更。否则，望着这山更比那山高，会可能脚脚踏空，导致经营失败。

（四）确保规划实现的措施

1. 选定产业模式 开展详细的规划调研，正确选定生产方式和产业经营模式，并贯彻于规划中。

2. 资金筹备 根据规划确定的生产经营内容、方式和规模需要的资金要求，积极筹措准备，满足规划实施各阶段资金的需求，避免影响规划实施进程。

3. 生产技术 养鹅及经营具有很强的专业技术性，规划实施需要生产技术储备。

4. 生产风险分析 每个鹅业生产经营项目和实施环节都存在风险，应进行仔细分析研究，并制定预防和应对措施，做到防患于未然。

二、鹅场生产经营许可

（一）用地审批

建办鹅场，先确定选址，符合养鹅条件。鹅场用地手续办理，根据《畜牧法》和《土地管理法》规定，办理土地流转手续，并按照当地畜牧用地审批程序办理用地审批备案手续。如果是自己的承包地，需要向当地基层政府和国土管理部门进行畜牧用地备案。选址要求符合当地禁养区规划，一般不得占用粮食功能区、耕地保护区和标准农田。

（二）规划审批

鹅业生产经营项目的规划需要审批，符合下列内容要求。

（1）当地政府总体规划。

（2）不得在畜禽禁养区、限养区建设鹅场。

（3）要求环保部门初步审定是否符合环保要求。

（4）其他相关规划要求。

（三）动物防疫条件审批

新建鹅场在选址上先获得动物防疫条件预审批，符合养鹅动物防疫要求，鹅场建成后，对防疫设施、制度等条件进行验收，合格的取得动物防疫条件合格证。对放牧方式和小规模养殖目前一般可以简化程序，不必申办动物防疫条件合格证，但选址要符合防疫要求，并具备基本防疫设施设备。

1. 选址要求

（1）距离生活饮用水源地、动物屠宰加工场所、动物和动物产品集贸市场 500 米以上；距离种畜禽场 1 000 米以上；距离动物诊疗场所 200 米以上；动物饲养场（养殖小区）之间距离不少于 500 米。

（2）距离动物隔离场所、无害化处理场所 3 000 米以上。

（3）距离城镇居民区、文化教育科研等人口集中区域及公路、铁路等主要交通干线 500 米以上。

2. 布局要求

（1）场区周围建有围墙。

（2）场区出入口处设置与门同宽，长 4 米、深 0.3 米以上的消毒池。

（3）生产区与生活办公区分开，并有隔离设施。

（4）生产区入口处设置更衣消毒室，各养殖栋舍出入口设置消毒池或者消毒垫。

（5）生产区内清洁道、污染道分设。

（6）生产区内各养殖栋舍之间距离在 5 米以上或者有隔离设施。

禽类饲养场、养殖小区内的孵化间与养殖区之间应当设置隔离设施，并配备种蛋熏蒸消毒设施，孵化间的流程应当单向，不得交叉或者回流。

3. 设施设备要求

（1）场区入口处配置消毒设备。

（2）生产区有良好的采光、通风设施设备。

（3）圈舍地面和墙壁选用适宜材料，以便清洗消毒。

（4）配备疫苗冷冻（冷藏）设备、消毒和诊疗等防疫设备的兽医室，或者有兽医机构为其提供相应服务。

（5）有与生产规模相适应的无害化处理、污水污物处理设施设备。

（6）有相对独立的引入动物隔离舍和患病动物隔离舍。

4. 对种鹅场附加要求

（1）距离生活饮用水源地、动物饲养场、养殖小区和城镇居民区、文化教育科研等人口集中区域及公路、铁路等主要交通干线 1 000 米以上。

（2）距离动物隔离场所、无害化处理场所、动物屠宰加工场所、动物和动物产品集贸市场、动物诊疗场所 3 000 米以上。

（3）有必要的防鼠、防鸟、防虫设施或者措施。

（4）有国家规定的动物疫病的净化制度。

5. 申报材料准备

（1）《动物防疫条件审查申请表》。

（2）鹅场地理位置图、各功能区布局平面图。

（3）设施设备清单　防疫及主要饲养设施设备记录清单。

（4）管理制度文本　制定鹅场防疫、投入品记录、生产记录、工作管理等制度。

（5）人员情况 具有与其养殖规模相适应的执业兽医或者乡村兽医，患有相关人畜共患传染病的人员不得从事饲养工作。

（四）种畜禽生产经营许可

种鹅场申请《种畜禽生产经营许可证》要符合下列条件。

1. 符合良种繁育体系规划的布局要求。

2. 所用种畜禽合格、优良，来源符合技术要求，并达到一定数量。

3. 有相应的畜牧兽医技术人员。

4. 有相应的防疫设施。

5. 有相应的育种资料和记录。

种畜禽生产经营要遵守种畜禽繁育、生产的技术规程，建立生产和育种档案，建立和实施防疫制度。须按照规定的品种、品系、代别和利用年限从事种畜禽生产经营；销售的种畜禽，应当达到种畜禽的国家标准、行业标准或者地方标准，并附有种畜禽场出具的《种畜禽合格证》、种畜系谱。

（五）营业执照

1. 选取一个合适的鹅场名称并申请准用，是申请营业执照的前提，鹅场名称在一定的地域和产业范围内不能有重叠或类似，因此，为了防止发生这个情况，还应该再选取1~3个备用名称。

2. 申请工商营业执照，包括办理税务登记证等（多证合一）。

> **小知识——持之以恒**
>
> 养鹅是项长期事业，在决定养鹅后，要有长远打算。在实施养鹅前，需要有充分的准备，包括对养鹅的认识、鹅场生产经营及管理技术、养鹅环境等资源调查掌握、养殖设施建设等。对采用养殖方式选择、养殖规模确定要制定详细的规划。对市场等风险有较好的承受能力，要有坚持到底的信心和决心。

案 例 >>>

从一而终

浙江省象山县种鹅大户陈文杰 14 岁开始跟父亲养鹅，不盲目扩大生产经营范围，一直坚持饲养浙东白鹅种鹅，积累了丰富的养殖经验，成为全国最大规模的种鹅养殖户之一，种鹅存栏 5 万多只，年收入 500 万元以上。

专题二 投资决策与资金筹措

一、投资决策

(一) 决策程序

企业或农户养鹅投资决策应围绕市场、技术、财务要素，考虑鹅产业现状、发展趋势和市场情况，自身发展优势及技术、营销、资金准备情况。然后作出是否投资或确定生产经营鹅业的方式、内容和规模，使各项条件与投资计划适应。遵循投资决策规律，分步实施（图 7 - 1）。

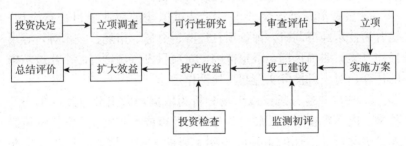

图 7 - 1　投资决策与管理过程

(二) 决策内容

1. 养鹅生产现状和发展趋势　对鹅产业特点要有充分的了解，

调研掌握养鹅生产现状和未来发展趋势，确定投资项目生产经营鹅产品的类型和优势。

2. 周边市场 掌握投资鹅业所在地周边市场情况，一般要求在鹅业市场发展较好或有养鹅传统基础的地区投资，但对具有市场潜力的地区也可以实施。

3. 养殖技术水平和自身获得技术的能力、途径、方式的评估分析 当前养鹅技术水平，存在的问题和需要解决的技术瓶颈，自身能够获得技术的能力、途径、方式，比较投资方向、规模，确定综合生产技术和投资的配合程度，根据掌握的技术优势，制定投资后的衔接方案。

4. 组织产销能力和渠道 根据调查分析结果，确定投资项目的目标鹅产品及产品组织产销能力和渠道，制定鹅产品生产方向和经营方案。

5. 投资能力和投资来源、资金风险分析 掌握自身对鹅业生产经营的投资能力、融资能力，分析投资运行的资金风险，如资金的梯队补充、防止投资项目的资金链断裂等因素。

（三）项目投资经济分析

经过鹅业生产投资项目的生产现状和发展趋势、产品市场和产销能力、技术能力、投资能力等调查分析，基本确定项目的投资后，需要对项目投资进行综合性经济分析。

1. 投资前期可行性分析 就是对拟建的鹅业项目进行全面、综合的技术经济调研，评价项目经济、财务、市场、技术等，寻求最佳方案，明确目标，限定范围，对项目投资额度有一个比较精确的估算，对项目投资实施起指导性作用。

2. 成本收益分析 以市场分析为依据，做出分年度的生产及价格、成本等预测，开展财务分析，计算成本和收益。研究分析影响投资项目经济性的条件和一些主要的不确定因素，评价这些条件、因素变化对鹅业项目生产、经济性指标的影响，形成灵敏度分析（敏感性）方案，明确其对投资项目的影响程度，制定相应的预备措施，以避免对投资项目带来不利影响。鹅业生产投资项目要用尽量少的人力、财力、物力，尽可能快的速度，取得尽量多的效益（优质鹅产品、尽快回收资金等）。

$$投资经济效果＝有用的经济效果/劳动消耗$$

鹅业项目达到投资方案要求投产后，年均的收益（纯收入）多少是投资收益率高低、投资回收快慢的主要指标。

$$投资收益率（\%）＝年均收益/全部投资$$

$$投资回收期（年）＝全部投资/年均收益$$

3. 投资监测　在鹅业项目确定后，进入实施阶段前，为实现目标而进行有效管理。投资监测是通过资料分析对确定目标、设计、指标、实施方案开展有效性管理。在监测项目实施内容的同时，还要监测资金和费用的现值、贴现（利率）因素等投资的财务动态指标。投资监测中，要掌握总体投入产出比大于1，即绝对经济效果临界限，是投资养鹅业带来的经济上的好处的起码界限。

$$绝对经济效果临界限＝产出/投入＞1$$

二、资金筹措

（一）自有资金

一般经营者和农户的自有资金较少，在利用自有资金发展鹅业时规模从小到大，项目从少到多，作为家庭农场和小规模专业经营比较适合。其缺点是发展速度比较慢。

（二）银行贷款

利用银行贷款发展鹅业，可以按照规划进行，与其他优势和有利条件配合，能较快地达到一定的产业规模。其缺点是资金成本、投资风险较大，在生产经营前必须有详细的可行性论证。下面是银行贷款的具体要求。

1. 贷款对象分类

（1）农业小微企业　按照我国大中小微企业划分标准，农、林、牧、渔行业，年营业收入处于 50 万～500 万的为小型企业，年营业收入低于 50 万的为微型企业。农业小微企业可以向我国的国有商业银行、股份制商业银行、邮政储蓄银行、各级农村信用联社申请贷款。我国银监部门规定，小微企业贷款增速不低于各项贷款平均增速，增量不低于上年同期，享有国家对小微企业的金融支持政策。

（2）家庭农场　由养鹅户自己经营的规模鹅场。

（3）农民专业合作社及其社员　经工商行政管理部门核准登记，取得农民专业合作社法人营业执照；有固定的生产经营服务场所，依法从事农民专业合作社章程规定的生产、经营、服务等活动，自有资金比例原则上不低于30％；具有健全的组织机构和财务管理制度，能够按时向信贷部门报送有关材料；在申请贷款的银行开立存款账户，自愿接受信贷监督和结算监督；具备偿还贷款本息的能力，无不良贷款及欠息；银行规定的其他条件。

专业合作社社员贷款的条件是年满18周岁，具有完全民事行为能力、劳动能力或经营能力的自然人；户口所在地或固定住所（固定经营场所）在银行的服务辖区内；有合法稳定的收入，具备按期偿还贷款本息的能力；在银行开立存款账户；银行规定的其他条件。

（4）养鹅农户　农村信用社都有针对农民的小额贷款，一般需要办理贷款卡。以信用贷款的方式发放贷款，贷款额度通常都较低。农村信用社接到申请后会对申请者的信用等级进行评定，并根据评定的信用等级，核定相应等级的信用贷款限额，并颁发贷款证。养鹅户需要小额信用贷款时，可以持贷款证及有效身份证件，直接到农村信用社申请办理。农村信用社在接到贷款申请时，要对贷款用途及额度进行审核，审核合格即可发放贷款。以信用贷款的方式发放贷款，农户小额信用贷款一般额度控制5万～10万元以内，具体额度因地而异。信用社还有农民联保贷款，三五户农户组成联保小组，相互为彼此贷款担保。有联保的贷款额度比个人信用贷款额度相对高一些。

2. 贷款申请流程

（1）受理借款申请　借款人按照贷款规定的要求，向所在地开户银行提出书面借款申请，并附有关资料。如有担保人的，包括担保人的有关资料。

（2）贷款审查　开户银行受理贷款申请后，对借款进行可行性全面审查，包括填列借款户基本情况登记簿，或个人贷款基本情况登记簿和借款户财务统计分析表等所列项目。

（3）贷款审批　对经过审查评估符合贷款条件的借款申请，按照贷款审批权限规定进行贷款决策，并办理贷款审批手续。

（4）签订借款合同　对经审查批准的贷款，借款双方按照《借款合同条例》和有关规定签订书面借款合同。

（5）贷款发放　根据借贷双方签订的借款合同和生产经营、建设的合理资金需要，办理借贷手续。

（6）建立贷款登记簿　贷款银行专门有贷款登记簿册。

（7）建立贷款档案　按借款人分别设立，档案上要记载借款人的基本情况、生产经营情况、贷款发放、信用制裁、贷款检查及经济活动分析等情况。

（8）贷款监督检查　贷款放出后，对借款人在贷款政策和借款合同的执行情况进行监督检查，对违反政策和违约行为要及时纠正处理。

（9）按期收回贷款　要坚持按照借款双方商定的贷款期限收回贷款。贷款到期前，书面通知借款人准备归还借款本息的资金。借款人因正当理由不能按期偿还的贷款，可以在到期前申请延期归还，经银行审查同意后，按约定的期限收回。

（10）非正常占用贷款的处理　既要进行监测考核，又要采取相应有效措施，区别不同情况予以处理。

3. 贷款抵押担保

（1）由地方政府牵头建立财政支持的担保公司。

（2）以惠农补贴抵押贷款。

（3）新型农户担保方式。

（4）农房抵押贷款。

（5）担保人（企业）担保。

（三）龙头企业前期投入

参与鹅业产业化经营系统，由龙头企业前期投入，经营风险和投资风险均较小，只要在自身经营环节中努力，能够获得满意的收益。其缺点是生产经营的自由度较小，发展规模受到约束。

（四）政府扶持发展

随着国家对农业的重视，作为扶持发展鹅业的投入将会不断增加，在鹅业发展中，可以申请政府的补贴和项目建设支持，能促进产业的发展。其缺点是政府扶持带有普遍性，与自身生产经营方式、规模难匹配，盲目接受政府支持，可能会偏离原有的发展目标和方向，影响生产经营活动，甚至造成损失。

专题三　鹅业经营体系与管理

一、鹅业经营体系

（一）综合性经营体系

鹅业综合性经营体系包含了整个产业或鹅业各生产环节的系列经营体系，经营内容广泛，组织程度较高，管理机制健全，市场抗风险能力强，具有较大的竞争优势。

1. 产业综合性经营体系　经营体系贯穿到整个鹅产业，包括良种培育推广、种苗生产、鹅用专门化饲料（及添加剂）兽药（及生物制品）经营、鹅产品加工、科研服务和其他诸如鹅文化营造等经营内容，是一个完整的产业化经营体系。

2. 经营环节综合性经营体系　养殖、加工、销售、技术和产业服务等鹅业产业链各环节组成的经营体系。每个产业链环节的经营内容健全，符合综合性鹅业经营体系特征。

（二）专一性经营体系

对鹅业中的某个环节或产品建立的单一经营机制。

1. 种苗经营体系　仅在苗鹅供应上开展销售活动，不再对种蛋生产、饲料兽药供应服务、售后技术服务、产品的回收等方面开展经营活动。

2. 商品肉鹅经营体系 从事商品肉鹅的经营活动，经营范围是商品肉鹅养殖和销售。

3. 鹅加工产品经营体系 分屠宰加工和鹅产品加工，并对屠宰后产品和加工后产品进行经营销售。

4. 饲料、兽药等投入品经营体系 为鹅业养殖过程中，需要的饲料、兽药等投入品实施经营。

5. 服务体系 对鹅养殖过程中开展专业性技术、信息服务，产品营销网络及其他信息服务。

（三）养殖户或经销户经营

1. 种鹅养殖户 专业从事种鹅养殖的农户。

2. 商品肉鹅养殖户 专业从事商品肉鹅养殖的农户。

3. 个体孵坊和种苗销售户 专业从事种鹅蛋孵化和种苗鹅销售的农户。

二、经营策略

（一）市场定位

1. 市场细分 鉴于消费市场需求差异性，将产品市场和经营方式细化，首先根据产品营销任务和目标，选定市场经营范围，开展市场调查，掌握消费者的基本需求，据此确定细分标准，初步细分市场，再进一步分析需求特征，明确各类细分市场的竞争状况，预测发展趋势，最后明确目标市场。

2. 目标市场选择 对细分市场进行分析评价，明确目标市场要有潜在需求，符合企业经营发展方向，同时企业要有能力满足目标市场需求。目标市场可以是密集单一的、产品或市场专门化的、市场全覆盖的，选择时要考虑企业实力、产品的同质性、市场的同质性、产品寿命周期、竞争者的营销策略和竞争者的数量规模等因素。

3. 市场定位方法 选择目标市场后要进行产品的市场定位，以产品形象、营销策略来确定市场上的位置。

（1）基本定位　以产品质量档次和价格等确定在市场上的基本定位，以鹅业产品的生产成本和基本利润要求、产品品质、基本类型等确定市场定位。

（2）特色定位　在相似档次的产品中加入与众不同的风格，形成独特优势定位。鹅产品具有独特性，与其他禽类产品相比特色明显，容易被市场和消费者接受。

（3）竞争定位　针对竞争者的产品和经营策略，扬长避短，通过某种形式强调企业自身优势地位，争取竞争优势。

风鹅是江苏溧阳等地区的传统鹅产品，近几年得到开发。在风鹅的经营管理上，先确定风鹅的传统风味很受江苏及周边地区消费者欢迎，其市场范围应该选定在华东地区为主；再进一步分析，可以发现选定市场还有盐水鹅等类似鹅产品，以及盐水鸭、板鸭、酱鸭、腊鸡等其他相近禽产品；在选择目标市场上，要以风鹅的独特风格进行特色定位，在风鹅腌制工艺上做出特色形成优势，制定与类似产品竞争的经营策略；利用风鹅产品包装储存方便、成本适中的特点，主打目标应为中高端市场。

（二）产品策略

1. 产品及分类产品　是一个整体概念，包含核心产品、形式产品和附加产品（延伸产品）三个层次。第一层是产品的基本功能，第二层是产品包装、造型、商标、品质等形象，第三层是对产品的销售服务。

（1）按产品是否有形分有形产品和无形产品，如鹅肉深加工包装产品、连锁销售鹅产品等有形产品，特色品牌、鹅文化、经营理念等无形产品。

（2）按使用时间长短分耐用品和非耐用品，鹅羽绒产品等一般为耐用品，鹅肉食品等为非耐用品。

（3）按用途分消费品（便利品、选购品、特殊品、非渴求品）和工业品（原材料和零部件、资产项目、易耗品和服务）。鹅产品绝大部分是消费品，鹅食品调味剂、羽绒、部分医药生产用内脏等可以作为工业品。

(4) 按产品组合分产品系列和产品项目，前者也称产品线，指同一产品种类中在功能和销售网点等方面具有密切关系的一组产品，如鹅肉深加工的卤鹅、盐水鹅、酱鹅、糟鹅等不同产品系列；后者是系列产品中不同品牌、规格、式样、型号、价格的特定产品，如包装卤鹅项目的卤鹅头、卤鹅掌、卤鹅胗等。

2. 产品生产经营方向 鹅业产品经营应避开结构性过剩，瞄准结构性短缺，大众型和普通产品不应该是鹅业的发展方向，根据鹅产品的市场特性，总体上要向功能更全面、形态更高级、分工更深入、结构更合理、发展可持续的中高端迈进。开发经营高附加值产品，扩大知识、信息、创意等软性要素投入，推进鹅业产品优质化、绿色化、特色化、品牌化、消费便利化，对位满足多元化、多类型、多层次的消费需求。

(三) 价格策略

1. 影响价格决策的因素 价格策略合适与否，直接关系到产品的市场接受程度和企业效益，影响价格决策的主要有内部和外部因素、制定价格的程序。

(1) 内部因素 一是企业的营销目标是为了提高市场占有率、追求利润、参与竞争抑或保障生存；二是成本，成本直接决定了产品价格定位空间；三是产品、销售渠道、促销等其他营销组合因素的影响。

(2) 外部因素 一是市场和需求，价格会影响市场和需求，要求掌握市场需求量对产品价格的敏感程度，对市场需求富有弹性的应实施低价策略，对需求价格缺乏弹性的可以实施高价策略；二是法律政策影响，政府的价格管理和宏观调控；三是竞争的影响，市场竞争者的数量、实力和规模影响产品价格的设定。

(3) 制定价格的程序 选定科学的价格制定程序，减少影响因素的作用，一般应先选择定价目标，测定市场需求，估计营销成本，分析竞争者的成本、价格和产品服务，选择定价方法，确定最终价格。

2. 定价与价格调整策略 根据环境、产品特点和生命周期阶段、消费心理和需求特点进行定价调整价格。在鹅产品价格实现上，尽量减少因为产销不对路导致的资源浪费，发展收入消费弹性高、生产需求潜力大的鹅产品。

（1）新产品定价　新产品在市场上站住脚跟，并带来预期收益，可用三种策略，即在新产品生命周期最初阶段，把价格定高，获取最大利润的撇脂定价策略；对存在强大竞争潜力，产品的需求弹性大的新产品采用相对较低的定价，以提高市场占有率的渗透定价策略；以及位于前两者之间的，使生产者、消费者认可的满意定价策略。

（2）产品组合定价　对于产品组合的定价要考虑组合产品内部的综合因素，一般在组合产品中要确定最低价格产品，增加市场消费吸引力，确定最高价产品，作为产品质量的象征和产生效益的骨干，其他产品以价格互补的形式灵活定价，发挥多种产品整体组合效应。

（3）心理定价　采用尾数定价、声望定价、招徕定价等迎合消费者心理的定价策略。

（4）需求差别定价　同一产品不同情形的不同定价策略，有以顾客为基础、以产品种类为基础、以不同环境和位置为基础、以时间为基础的差别定价策略。

（5）折扣定价　为了鼓励消费者早付货款、大量购买、淡季消费等进行的价格折扣策略，方式有现金折扣、数量折扣、季节折扣、业务折扣等。

（6）价格调整　价格制定后，由于市场环境的变化，需要进行适时的调整，如降价、提价等。价格调整，应先做好调查分析，确定调价幅度、时机、步骤和其他配套措施，调价后要做好市场反应监测分析，并制定应付竞争者调价策略。

（四）促销策略

1. 促销功能　采用各种有效方式，向目标市场传递有关信息，以启发、推动或创造对产品和服务的需求，引起购买欲望和购买行为的策略，促销的主要功能有告知、说服、影响、强化企业形象等。

2. 促销方法

（1）广告　具有提高知名度、增进消费者对产品的了解、有效的提示、提供消费线索、塑造品牌形象等作用。

（2）人员推销　是一种有效的传统促销方法，通过推销员或促销员的人际接触来推动消费，其特点是信息的即时双向沟通、目的的双重性、过程的灵活性、成果的有效性。

（3）销售促进　就是在某一段时期内采用特殊手段对消费者实行强烈的刺激，以促进销售的快速增长的促销方法，如赠送样品、发放优惠券、有奖销售、以旧换新、组织竞赛、现场示范等。

（4）公共关系　利用消费者、供应商、社会公众、政府机构、新闻媒介等作为传播手段，建立良好的社会形象、营销环境以及信息沟通渠道。

（五）现代营销观念

1. 体验营销　随着消费需求日益呈现差异化、个性化和多元化，消费者不仅关注产品和服务本身带来的价值，还非常重视产品或服务是否能够带来好的体验感受。体验营销就是要让消费者在体验中对鹅产品产生美好而深刻的印象，获得最大程度上的精神满足。把鹅产品的社会功能发挥得淋漓尽致，为消费者营造一种环境氛围，让消费者参与完成一个过程，提升其感官、情感、思考、行动和联想等方面的感受，以实现高增值的服务。

2. 个性化营销　就是借助现代信息管理系统、云数据等，建立数据档案（库），实现个性化沟通，按照每个消费者的个性化需求，提供量身定制的个性化产品和服务。

3. 整合营销　通过各种传播方式，在鹅产品中依附文化元素，传递产品信息，实现与消费者的双向沟通，其特点是精确识别消费群体及需求，采用一系列有效的整合策略和活动，有针对性地开展定向传播和有效引导，激发消费者参与体验、消费的冲动和欲望。

4. 绿色营销　营销过程中把企业利益与社会利益、环境利益兼顾考虑，实现营销共赢。它包含绿色产品、绿色消费和绿色公关等策略。

（六）品牌与新产品开发

1. 品牌与包装 品牌、商标、包装 属于形式产品的组成部分，其作用是有利于扩充产品组合、提增市场和消费者接受力、产品市场定位与销售、保障商品质量，能够获得法律保护。鹅产品销售的品牌与包装作用很大，通过努力，一旦形成具有较大知名度的品牌和科学合理的产品包装，将会很好地提升市场占有率。

2. 新产品开发 市场具有生命周期，从开始的投入期，经过成长期、成熟期，到衰退期，延长产品的市场寿命，需要不断创新，改进提高产品品质和功能，开发新产品。新产品可分为全新产品、改进型产品、模仿型产品、降低成本型产品和重新定位型产品等，要求开发的新产品功能更多、美观实用、个性化特色、绿色无公害等，新产品要在市场分析的前提下，寻求创意，开发产品，接受市场经验，真正进入市场，才能成为新产品。

⌈**思考练习**⌋

1. 选定鹅业生产方式和发展规模的原则是什么？

2. 从哪几方面来分析确定投资决策？

3. 融资方式主要有哪些？请结合实际情况，分析拟采用哪种融资方式适合。

附录

浙东白鹅 （GB/T 36178—2018）

1 范围

本标准规定了浙东白鹅原产地和特性、体型外貌、体重体尺、生长发育性能、屠宰性能、繁殖性能和测定方法。

本标准适用于浙东白鹅品种。

2 规范性引用文件

下列文件对于本文件的应用是必不可少的。凡是注日期的引用文件，仅注日期的版本适用于本文件。凡是不注日期的引用文件，其最新版本（包括所有的修改单）适用于本文件。

NY/T 823 家禽生产性能名词术语和度量统计方法

3 原产地和特性

浙东白鹅原产地为浙江省宁波市的象山县、宁海县、奉化区、余姚市、慈溪市以及绍兴市、舟山市部分县市等浙东地区。属中型鹅地方品种，肉质好。

4 体型外貌

浙东白鹅结构紧凑，体态匀称。头大小适中，肉瘤高突，喙、肉瘤呈橘黄色，眼睑金黄色，虹彩灰蓝色。全身羽毛洁白。

公鹅体躯呈斜长方形，站立昂首挺胸，体格雄伟。胫、蹼呈橘黄色，爪玉白色。尾羽短而上翘。

母鹅行动敏捷。头颈清秀灵活。腹部宽大，尾羽平伸。

雏鹅绒毛黄色。

成年鹅和苗鹅图片参见附录 A。

5 体重体尺

成年体重和体尺见表1。

表1 成年（400 日龄）体重和体尺

项目	公鹅	母鹅
体重/g	4 400～5 700	3 700～4 600
半潜水长/cm	77.0～82.5	69.5～75.0
体斜长/cm	28.0～32.0	26.0～30.0
胸宽/cm	13.5～18.0	12.5～16.0
胸深/cm	8.0～11.5	9.0～11.5
龙骨长/cm	16.5～20.0	15.0～18.0
胫长/cm	8.4～11.0	7.9～9.0
胫围/cm	5.5～6.3	5.1～6.2

6 生产性能

6.1 生长发育性能

生长发育性能见表2。

表2 生长发育性能

周龄	体重/g	
	公鹅	母鹅
0	91～108	86～105
2	452～586	406～536
4	1 295～1 740	1 165～1 550
6	2 400～2 955	2 040～2 675
8	3 310～4 240	3 075～3 850
10	3 835～4 815	3 270～4 260

6.2 屠宰性能

10 周龄屠宰性能见表 3。

表 3 10 周龄屠宰性能

项目	公鹅	母鹅
体重/g	3 835~4 815	3 270~4 260
屠宰率/%	77.8~92.6	74.8~89.6
半净膛率/%	71.3~85.8	67.7~84.6
全净膛率/%	62.1~76.7	59.0~74.6
腿肌率/%	14.8~19.0	13.7~16.7
胸肌率/%	8.1~11.1	9.61~12.4

6.3 繁殖性能

产蛋与繁殖性能见表 4。

表 4 产蛋与繁殖性能

项目	范围
年产蛋量/个	28~38
平均蛋重/g	160~180
蛋壳颜色	白色
受精率/%	≥75
受精蛋孵化率/%	≥77
公母比例	自然交配 1∶5~1∶7

7 测定方法

体型外貌为目测，体重体尺、生产性能测定按照 NY/T823 执行。

附 录 A
（资料性附录）
成年浙东白鹅图片

A.1 成年浙东白鹅公鹅见图 A.1。

浙东白鹅（♂）

图 A.1 成年浙东白鹅（公鹅）

A.2 成年浙东白鹅母鹅见图 A.2。

浙东白鹅（♀）

图 A.2 成年浙东白鹅（母鹅）

A.3 成年浙东白鹅群体见图 A.3。

图 A.3 成年浙东白鹅（群体）

A.4 浙东白鹅苗鹅见图 A.4

图 A.4 浙东白鹅（苗鹅）

参考文献 REFERENCES

B. W. 卡尔尼克，1991. 禽病学（第 9 版）[M]. 高福，刘文军，译. 北京：中国农业大学出版社.

P. D. 斯托凯，1982. 禽类生理学 [M]. 杨传任，于子清，译. 北京：科学出版社.

蔡平，1997. 畜禽药物中毒的防治 [M]. 合肥：安徽科学技术出版社.

曹霄，1992. 鹅的养殖及加工 [M]. 南京：江苏科学技术出版.

曹霄，掌子凯，何正东，2000. 肉用仔鹅高产饲养新技术 [M]. 上海：上海科学技术出版社.

曹致中，2002. 优质苜蓿栽培与利用 [M]. 北京：中国农业出版社.

陈国宏，王继文，何大乾，等，2013. 中国养鹅学 [M]. 北京：中国农业出版社.

陈烈，1996. 科学养鹅 [M]. 北京：金盾出版社.

陈默君，张文淑，周平，1999. 牧草与粗饲料 [M]. 北京：中国农业大学出版社.

陈维虎，2004. 浙东白鹅 [M]. 北京：中国农业出版社.

陈维虎，2004. 养鹅致富诀窍 [M]. 北京：中国农业出版社.

陈耀王，2001. 快速养鹅与鹅肥肝生产 [M]. 北京：科学技术文献出版社.

戴亚斌，周新民，2017. 鹅病防治关键技术有问必答 [M]. 北京：中国农业出版社.

刁友祥，2019. 彩色图解科学养鹅技术 [M]. 北京：化学工业出版社.

杜文兴，姜加华，2000. 科学养鹅一月通 [M]. 北京：中国农业大学出版社.

段修军，2014. 养鹅日程管理及应急技巧 [M]. 北京：中国农业出版社.

方厚生，徐宏树，丁迎伟，等，1990. 鹅的饲养与活拔毛技术 [M]. 上海：上海科学技术出版社.

甘孟侯，1995. 禽流感 [M]. 北京：北京农业大学出版社.

哈尔滨兽医研究所, 1999. 动物传染病学 [M]. 北京：中国农业出版社.

韩建国, 马春晖, 1998. 优质牧草的栽培与加工贮藏 [M]. 北京：中国农业出版社.

韩占兵, 宋士仁, 2000. 良种鹅高效生产技术 [M]. 郑州：中原农民出版社.

何大乾, 2017. 高效科学养鹅关键技术有问必答 [M]. 北京：中国农业出版社.

何大乾, 陈维虎, 2020. 浙东白鹅 [M]. 北京：中国农业出版社.

蒋永清, 周卫东, 黄新, 2001. 实用高效种草养畜技术 [M]. 北京：金盾出版社.

焦库华, 陈国宏, 2001. 科学养鹅与疾病防治 [M]. 北京：中国农业出版社.

李景泉, 2001. 养鹅实用技术 400 问 [M]. 长春：吉林科学技术出版社.

李世云, 2001. 鹅养殖及产品加工 [M]. 北京：科学技术文献出版社.

刘怀野, 1998. 畜禽塑膜暖棚饲养新技术问答 [M]. 北京：中国农业出版社.

刘建新, 2003. 干草、秸秆、青贮饲料加工技术 [M]. 北京：中国农业科学技术出版社.

刘禄之, 2000. 青贮饲料的调制与利用 [M]. 北京：金盾出版社.

马美湖, 2002. 珍禽野味食品加工工艺与配方 [M]. 北京：科学技术文献出版社.

农业部农民科技教育培训中心, 2001. 鸭鹅饲养与疾病防治技术 [M]. 北京：中国农业出版社.

田允波, 许丹宁, 黄运茂, 2012. 鹅的营养与饲料配制 [M]. 广州：广东科技出版社.

王继文, 2002. 养鹅关键技术 [M]. 成都：四川科学技术出版社.

王建辰, 章孝荣, 1998. 动物生殖调控 [M]. 合肥：安徽科学技术出版社.

王阳铭, 汪超, 罗艺, 2016. 图说如何安全高效养鹅 [M]. 北京：中国农业出版社.

王永坤, 2002. 水禽病诊断与防治手册 [M]. 上海：上海科学技术出版社.

吴伟, 2000. 高效养鹅新技术 [M]. 长春：吉林科学技术出版社.

许天舒, 张璟, 钱芹茹, 2013. 市场营销实用教程 [M]. 北京：中国市场出版社.

许小琴, 王志跃, 杨海明, 2012. 生态养鹅 [M]. 北京：中国农业出版社.

杨华, 2019. 国内外水禽产品质量安全限量标准对比研究 [M]. 北京：中国农业出版社.

徐银学，谢庄，1997. 肉用鹅饲养法［M］. 北京：中国农业出版社.

杨茂成，1999. 肉鹅快养 60 天［M］. 北京：中国农业出版社.

尹兆飞，余东游，祝春雷，2001. 养鹅手册［M］. 北京：中国农业大学出版社.

张曹民，丁卫星，刘洪云，2002. 鹅疾病防治诀窍［M］. 上海：上海科学技术文献出版社.

张宏福，张子仪，1998. 动物营养参数与饲养标准［M］. 北京：中国农业出版社.

张泽黎，郭健颐，张让钧，1984. 鸡鸭鹅病防治［M］. 北京：金盾出版社.

赵玉民，2000. 肉鹅饲养与经营实用技术［M］. 长春：吉林科学技术出版社.

周勤宣，1993. 中外养禽新技术全集［M］. 江苏省家禽科学研究所.

图书在版编目（CIP）数据

养鹅致富大讲堂 / 陈维虎主编 . —北京：中国农
业出版社，2022.1
（养鹅致富大讲堂丛书）
ISBN 978-7-109-27707-6

Ⅰ.①养… Ⅱ.①陈… Ⅲ.①鹅—饲养管理
Ⅳ.①S835.4

中国版本图书馆 CIP 数据核字（2021）第 001654 号

养鹅致富大讲堂
YANG'E ZHIFU DAJIANGTANG

中国农业出版社出版
地址：北京市朝阳区麦子店街 18 号楼
邮编：100125
责任编辑：肖 邦
版式设计：王 晨　　责任校对：沙凯霖　　责任印制：王 宏
印刷：中农印务有限公司
版次：2022 年 1 月第 1 版
印次：2022 年 1 月北京第 1 次印刷
发行：新华书店北京发行所
开本：880mm×1230mm 1/32
印张：7.25 插页：4
字数：200 千字
定价：28.00 元

种 鹅 群

鹅家系饲养栏位

紫花苜蓿

鹅场配套牧草——墨西哥玉米

狼尾草粉碎

水 浮 莲

水面种植黑麦草

沿海滩涂的大米草资源

牧草收割

肉鹅放牧

鱼鹅共养

肉鹅大棚养殖

鹅的笼养试验

浙东白鹅肉质品鉴

养殖场废水回沟式净化池

养殖场废水生物净化池